# AIGC+
# 智慧教育

## Web 3.0时代的教育变革与转型

程君青　邵立东　杨爱喜◎著

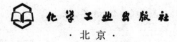

化学工业出版社

·北京·

## 内容简介

随着Web 3.0时代的来临，我国教育领域迎来了一场全面而深刻的变革——AIGC、ChatGPT、大数据、云计算、物联网、数字孪生、元宇宙等新兴技术与教育行业的融合程度日益加深，AI驱动的教育新形态、新模式、新产品不断涌现，数字化、网络化、智能化逐渐成为引领我国教育变革与转型的重要方向。

本书立足于全球范围内智慧教育领域的实践经验与前沿趋势，全面阐述AIGC、ChatGPT、元宇宙、数字孪生等新兴技术在教育领域的融合与创新应用，内容涵盖远程教育、虚拟课堂、个性化学习、VR沉浸式教学、自动化教育评测、智能化教学决策、智慧校园管理等新型教育模式与玩法，并前瞻性地提出数字化时代教师数字能力培养的对策建议，试图为读者描绘一幅Web 3.0时代的未来教育新图景。

## 图书在版编目（CIP）数据

AIGC+智慧教育：Web 3.0时代的教育变革与转型/程君青，邵立东，杨爱喜著. —北京：化学工业出版社，2023.11
ISBN 978-7-122-44166-9

Ⅰ.①A… Ⅱ.①程…②邵…③杨… Ⅲ.①人工智能-关系-教育改革-研究-中国 Ⅳ.①TP18②G521

中国国家版本馆CIP数据核字（2023）第176032号

责任编辑：夏明慧
责任校对：刘曦阳
装帧设计：王晓宇

出版发行：化学工业出版社
　　　　　（北京市东城区青年湖南街13号　邮政编码100011）
印　　装：三河市双峰印刷装订有限公司
710mm×1000mm　1/16　印张14¾　字数208千字
2024年2月北京第1版第1次印刷

购书咨询：010-64518888
售后服务：010-64518899
网　　址：http://www.cip.com.cn
凡购买本书，如有缺损质量问题，本社销售中心负责调换。

定　　价：69.00元

教育是一项以人为本的系统性工程，面对的是形形色色的个体，且涉及不同层面的内涵，而教育与科技的融合能够推动教学过程、教学范式、教育评价、教育管理等全要素、各环节的升级和变革，满足"千人千面"的教育需求，因此，教育的数字化转型已经成为全球教育领域的共同发展趋势。

　　党的二十大报告指出，推进教育数字化，建设全民终身学习的学习型社会、学习型大国。当下，我国正深入实施教育数字化战略行动，借助大数据、云计算、人工智能等新兴技术创新教育体制机制、完善教育顶层设计、提升教育的信息化水平，从而实现教育的高质量稳步发展。教育的数字化转型是一个持续、系统的教育创新过程，会伴随技术的进步而演变创新，比如，以人工智能为基础的AIGC（AI Generated Content，生成式人工智能）技术具有强大的内容生产能力，其与教育融合能够掀起强大的"智慧教育浪潮"，给传统教育模式带来巨大冲击。根据量子位智库在2023年首届中国AIGC产业峰会上发布的《中国AIGC产业全景报告》，2030年AIGC市场规模能够达到1.15万亿元。教育作为AIGC关联的众多赛道之一，能否抓住AIGC带来的变革机遇、重塑未来教育模式，对于教育领域的整体发展规划至关重要。

　　AIGC所拥有的强大内容生成能力赋予了其在众多领域的广泛适用性。在教育领域，AIGC的应用可以提供多样化的教学呈现形式、丰富课堂互动体验。比如，ChatGPT作为自2022年底便火爆全球的热门应用，能够根据学习者输入的内容为其提供个性化的学习资源；Midjourney作为基于DALL-E模型的图像生成器，不仅能够智能化执行图像编辑等任务，还可以根据指令进行艺术创作等难度较高的操作，以便激发学习者的创造力。

　　不过，需要注意的是，在AIGC等技术大行其道的Web 3.0时代，教育数字化转型也不能忽视技术与教育以及技术与个体之间的关系。一方面，技术的应用能够为教育的全过程提供助力，比如帮助教师精准分析学生的学习水平、学习习惯、学习需求，从而制定具有针对性的教育策略，真正做到因材施教；帮助学生实时了解自己的学习进度，并获得定制化的学习资源；通过建立在线教育平台让优质的教育资源能够被共享，可以有效缓解我国教育领域长期存在的教育资源分配不均等问题。另一方面，技术的应用可能引发伦理风险等负面影响，比如在线学习平台可能未经允许便自动搜集和存储包括用户的学习习惯、浏览行为等在内的个人信息，并带来信息泄露和滥用等方面的风险；ChatGPT等应用可能存在训练数据等方面的偏差，使得信息推送不够准确全面，进而影响管理者的教育决策。

因此，教育数字化转型必须坚持以人为本，重点关注学生、教师等教育活动主体并致力于满足他们与教育活动相关的需求，让未来的教育能够真正适应和引领社会的发展。教育数字化转型的最终目的是实现智慧教育，在Web 1.0和Web 2.0时代，传统教育逐渐被赋予了互动、协同、优化等特性，但仍然不够精准化、个性化和智慧化，而AIGC等技术可以为教育创新和升级提供强大支撑，有助于在Web 3.0时代揭示"智慧教育"的真实面貌。

《AIGC+智慧教育：Web 3.0时代的教育变革与转型》正是一本致力于揭示"智慧教育"真实面貌的著作，主要内容包括七大章节：

• 第1章：智慧教育新图景。大数据、云计算、物联网等技术应用于教育领域，不仅能够催生个性化的教育产品、智能化的教育系统，还有助于构建智慧化的教育环境和学习环境。在智慧教育范式中，教育教学的水平、教育科研的质量和教育管理的效率都将得到极大提升，学习者也不再是知识的被动接收者，而会具备越来越强的学习能力和创新能力。

• 第2章：Web 3.0+智慧教育。Web 3.0可以提供丰富的教学场景和多样化的授课模式，例如虚拟实验、实操模拟、电子书、电子教室等，带给学生更加直观的学习感受，加深对知识的记忆和理解，同时可以增强课程趣味性，培养学生的创新能力和实践能力。另外，数字化的授课方式可以促进教学观念、教学理论的更新与转变。

• 第3章：AIGC+智慧教育。随着AIGC相关的应用越来越多、生产的内容质量越来越高、生产的内容类型越来越丰富，AIGC技术的通用性及其对产业的促进作用也不断增强，AIGC相关技术的优势使得其与多个行业有天然的契合性，如同"互联网+"能够与多个产业相融合一样，

"AIGC+"也拥有良好的发展前景。

● 第4章：ChatGPT+智慧教育。ChatGPT基于强大的学习算法，能够发挥"万物互联"的开放性优势，构建各类教育资源库，为学生的自主学习与认知提升提供良好的条件，有利于增强学生的直观感受，培养学生的自主创新能力和自主探究解决问题的能力。

● 第5章：元宇宙+智慧教育。元宇宙教育是融合了元宇宙技术的教育，能够以虚实结合的方式为学生提供沉浸式、交互式、体验式、协同式的学习体验，元宇宙教育具有虚实融合的教学环境、教学场景、教育资源、学习环境、学习场景、文化环境、教育服务空间等，能够高效整合现实世界和虚拟世界中的各类教育资源，并利用这些教育资源对各项教育教学活动进行优化升级。

● 第6章：数字孪生+智慧教育。作为一项正快速发展的新兴技术，数字孪生技术能够应用于教学设施管理、职业教育、创客教育、远程学习等不同的教育场景中，推动传统教育的变革，有效提升教育的智慧化水平。

● 第7章：数字化教师+智慧教育。数字技术的不断发展重新定义21世纪的人才标准，而数字能力也将被认为是个人获得和维持职业发展的关键成功因素。教育数字化势在必行，教师是教育数字化转型的实施者、是学生数字素养的关键促进者，需要不断提升数字能力，成为"数字化教师"，以适应不断变化的数字教育环境。

进入 Web 3.0时代，AIGC等技术的发展进步给教育领域带来了前所未有的机遇和挑战。为了推动我国智慧教育的发展，我们需要创新技术应用、改革教育范式，从而不断适应和引领时代的发展。

本书为2022年度浙江省哲学社会科学规划课题"高职院校教师数字能力模型构建及应用研究"（22NDJC324YBM）的研究成果。因笔者水平有限，书中难免存在疏漏与不足，敬请读者批评指正。

著 者

# 目录

# 第4章 ChatGPT+智慧教育

# Web 3.0

第 **1** 章

## 智慧教育
## 新图景

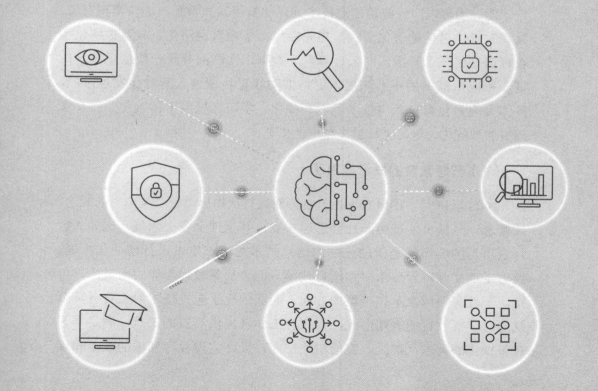

# 1.1 智慧教育：科技驱动的教育发展新路径

## 1.1.1 科技重塑未来教育新范式

随着互联网技术的发展，产业互联网的兴起已经成为大势所趋。在教育领域，移动互联网、大数据、云计算等技术不仅能够打造出个性化的教育手段，有效提升学习效率，而且能够孕育丰富的教育应用产品，扩大知识的传播范围。在"互联网+教育"的生态圈中，学习者将从知识的被动接收者转变为主动吸收者，智慧教育也将成为教育发展的新路径。

教育是国之大计，处于优先发展的战略地位。因此，20世纪90年代伴随互联网的发展，国际教育领域就呈现出了教育信息化的发展趋势。所谓教育信息化，即与教育相关的各个环节如教育科研、教育教学、教育管理等均可以广泛应用信息技术并以此来带动教育领域的改革和发展。纵观教育信息化的进化历程，它先后经历了教育网络化、教育数字化和教育信息化三个阶段，而云计算、大数据、物联网等新一代信息技术的进步和应用范围的不断拓展，更是推动教育领域进入智慧化发展阶段，具体表现为教育资源与技术呈现一体化、学习环境趋于体验化、教育管理更加智能化、学习工具越来越个性化等。

### （1）智慧教育的概念与内涵

2008年11月，IBM首席执行官彭明盛首次提出"智慧地球"的概念，该概念一经提出便被国际社会迅速接受，并延伸至各个领域，比如"智慧城市"的实质就是借助先进的信息技术对城市建设进行精细化管理，致力于提高城市管理水平和运行效率。而"智慧教育"作为新概念，也指明了教育领域改革和转型的方向，能够依托于先进技术为教育各环节赋能，丰富教育的表现形式，为教育工作者提供高效的工具，满足学习者多样化的需求，扩大教育的想象空间，最终实现教育领域的改革和现代化发展。

智慧教育是智慧城市必不可少的组成部分，是新兴技术、现代化教育思想与智慧城市有机结合的产物，也是教育信息化发展的新阶段。大数据、云计算、物联网等技术应用于教育领域，不仅能够催生个性化的教育产品、智能化的教育系统，还有助于构建智慧化的教育环境和学习环境。在智慧教育范式中，教育教学的水平、教育科研的质量和教育管理的效率都将得到极大的提升，学习者也不再是知识的被动接收者，而会具备越来越强的学习能力和创新能力。

### （2）智慧教育与相关概念辨析

信息技术在教育领域的应用催生出了数字教育、教育信息化、教育现代化等概念，智慧教育与这些概念既有区别也有联系。

① 智慧教育与数字教育

数字教育是依托于数字技术而在信息化环境中开展的一种教育形态。与数字教育相比，智慧教育具有开放协同、个性化、泛在化、智能化等明显特点，二者在发展目标、技术作用、核心技术等多个方面均有区别，具体如表1-1所示。

表1-1　数字教育与智慧教育的区别

| 项目 | 数字教育 | 智慧教育 |
|---|---|---|
| 发展目标 | 提高教育质量和效率 | 培养创新型、智慧型人才 |
| 技术作用 | 技术是高效传递知识的工具和媒体 | 技术能够变革教育战略实施的环境 |
| 核心技术 | 计算机、互联网、多媒体等 | 移动通信、大数据、云计算、物联网等 |
| 建设模式 | 建设导向 | 应用驱动 |
| 学习资源 | 专题网站、数字图书、网络课程等封闭、固化的静态资源 | 电子教材、微课等能够动态生成、持续优化的资源 |
| 学习方式 | 网络学习、多媒体学习 | 云学习、泛在学习 |
| 教学方式 | 以教师为中心 | 以学习者为中心 |

续表

| 项目 | 数字教育 | 智慧教育 |
|------|----------|----------|
| 科研方式 | 基于有限资源的小范围协同科研 | 跨地域大规模协同科研 |
| 管理方式 | 由人员负责管理 | 高度标准化的智能管控 |
| 评价思想 | 经验导向 | 数据导向 |

智慧教育与数字教育之间并不是一种非此即彼的关系，智慧教育本质上是一种被大数据、云计算、物联网等多种技术赋能的增强型数字教育，是数字教育的高级进化形态，也属于数字教育的范畴。

② 智慧教育与教育信息化

教育信息化是将信息技术全面且深入地应用于教育服务、教育科研、教育教学、教育管理等各个环节，推动教育的发展和改革，从而实现教育现代化目标的过程。

教育信息化的推进需要国家层面的统一规划以及教育部门的有序组织，目前智慧教育已经成为教育信息化的重要发展战略。因此，一方面，教育信息化能够为智慧教育的发展奠定良好的基础，通过相关政策的发布、制度的完善、机制的健全以及队伍的建设等降低智慧教育实现的难度；另一方面，智慧教育的发展也能够体现教育信息化路径的优势，并进一步巩固教育信息化道路的战略地位。

③ 智慧教育与教育现代化

教育现代化指的是将现代化的技术以及先进的教育思想应用于教育领域，力图让教育相关的硬件设备设施以及教育的理念和手段等均能够达到世界领先水平，从而培养出能够为国家建设贡献力量的高素质人才和新型劳动者。智慧教育是信息化技术推动下全方位的教育改革，是为了适应信息社会的发展而进化成的一种高级的教育形态。智慧教育的"智慧"具体体现在多个层面，包括教育评价、教育服务、教育科研、教育管理以及教育环境等的智慧化。

教育现代化与智慧教育的联系主要体现在两个方面：其一，二者的特征基本相同，智慧教育不仅是信息时代教育改革的重要方向，也是教育现代化期望达成的目标，智慧教育具有个性化、开放性、终身性、公平性等特征，这些特征也是教育现代化的核心特征；其二，二者的目标基本相同，教育现代化的目标是培养现代化人才，智慧教育的目标是培养适应数字时代的智慧型人才。

## 1.1.2 智慧教育的教育特征

人工智能、大数据等技术在教育领域的应用，孕育出智慧教育这一新型的教育形态。智慧教育与传统教育的不同，不仅表现在技术特征方面，也表现在教育特征方面。智慧教育的教育特征大致可以归结为以下几点，如图1-1所示。

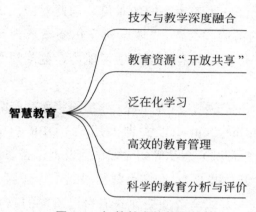

技术与教学深度融合

教育资源"开放共享"

智慧教育

泛在化学习

高效的教育管理

科学的教育分析与评价

**图 1-1　智慧教育的教育特征**

### （1）技术与教学深度融合

智慧教育是技术驱动下的教育发展新路径，技术与教育的融合体现在教育领域的各个层面，比如，技术应用于校园生活、技术应用于教育科研、技术应用于教育管理、技术应用于教育教学等。其中，教学作为教育的主要环节，其与技术的有机融合也是智慧教育重点关注的内容。

在传统的教学活动中，教育系统的核心业务是学科教学，教育的主要阵地是课堂。而在智慧教育模式中，学科教学不再仅仅局限于课堂，它能够使用的工具也越来越丰富。比如，软件方面，几何画板、图形计算器等专用教学软件，不仅能够极大提高知识传授的效果和效率，也更有利于培养学习者学习的积极性和主动性；硬件方面，智能手机、平板电脑、电子书包等形式多样、功能丰富的移动终端将逐渐成为承载学科教学的工具，使得课堂教学更加灵活。

由此可见，在智慧教育模式中，学科教学的成果与师生的技术应用能力有较大的关系，数字技术不仅可以应用于授课过程，也可以应用于课前的课程设计与课后的学习和评价。而且，借助于数字技术，教育者与学习者会越来越关注"教与学"本身，而这也是智慧教育的核心特征。

### （2）教育资源"开放共享"

移动互联网、大数据、人工智能等技术的发展，不仅使得资源越来越丰富，而且极大降低了资源获取的难度。与此对应，地理距离已经无法阻挡个体之间的沟通和交流，"地球村"正逐渐成为现实。在这种背景下，智慧教育塑造的是具有更强的学习能力、创新思维和全球视野的公民。

伴随移动互联网的发展，世界知名大学纷纷将教育资源共享，MOOCs（Massive Open Online Courses，慕课）运动、OER（Open Educational Resource，开放教育资源）运动等如火如荼地发展，智慧教育的核心特征之一即教育资源"开放共享"。在智慧教育模式中，任何个体均可以通过交换、购买或引进等方式高效便捷地获取自己所需的教育资源，而优质教育资源的无缝整合与无障碍流通将极大缓解教育资源地区分布不均衡的问题，有助于提升整体的教育质量。

### （3）泛在化学习

在传统的教育模式中，教育的主要场景是教室和学校。但实际上，学习的需求时刻有可能出现，学习活动也时刻都有可能进行。移动互联网、物联网、云计算等技术在教育领域的应用，为个体的学习提供了极大的便利，使得公园、图书馆、博物馆、社区以及学校等任何场所都可以是知识传授的场所，教育环境不再是割裂的空间，而是由多种场景有机组合而成的生态系统。

学习的需求随时可能发生，因此智慧教育倡导的学习正是泛在化学习。泛在化学习并不围绕某个独特的个体（传统教育中的教师）而展开，而是回归于生活和社会，围绕学习需求实现互联。泛在化学习包括三个层面的含义：其一，学习的个体无处不在；其二，学习的服务无处不在；其三，学习的资源无处不在。综合这三个层面，智慧教育就构建了一个和谐的教育信息生态。

### （4）高效的教育管理

云计算等技术在教育领域的应用不仅有利于教育资源的共享和教学效率的提高，也能够为教育管理提供助力，实现教育事业的健康可持续发展。数字技术为实现教育管理的智慧化改革提供了技术基础，比如：

● 大数据技术应用于教育领域，能够采集、分析和处理相关的教育数据，从而为学习布局规划、教育经费分配等教育管理事务提供数据参考；

● 云计算技术应用于教育领域，能够对相关的应用软件（SaaS）、研发平台（PaaS）以及基础设施（IaaS）等进行有效整合，对教育管理涉及的各项数据进行统一采集、梳理和存储，从而确保管理部门可以对各项业务进行有效监控；

● 物联网技术应用于教育领域，能够借助全球定位技术、红外感应技术、射频识别技术等教育环境中的各种智能终端进行连接，并实现智能化的定位、识别、监控，从而提高教育管理的质量。

在传统的教育管理中，经费报销、设备招标、公文审批等活动不仅需要遵循严格的制度，而且需要依照烦琐的流程，而数字化技术的应用能够极大精减管理活动流程、提高教育管理业务系统的运行效率。

### （5）科学的教育分析与评价

在传统的教育模式中，教育分析和评价基本遵循"经验主义"，但这种具有较强主观性的评价方式难免会有失偏颇。大数据、云计算、物联网等技术的应用，使得教育过程中产生的各种数据能够被及时、全面、准确地采集，而这也就为教育分析与评价的"数据主义"奠定了基础。

智慧教育中的教育现代化发展评价、教育信息化程度评价、教学质量评估、学生体质健康评价、学生学业成就评价等数据都能够被高效采集，并经过处理和分析以可视化的方式呈现出来，进而极大提升教育分析和评价的科学性与智慧性。

## 1.1.3　智慧教育的技术特征

由于融合了多种数字化技术，因此智慧教育可以理解为集约化的信息系统工程。智慧教育的技术特征主要包括以下几点，如图1-2所示。

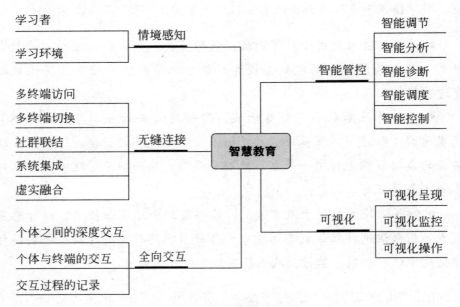

图1-2　智慧教育的技术特征

### （1）情境感知

除教育者拥有的教学水平、采用的教育工具外，教育的效果受到多种因素的影响，比如教学活动场所的温度、学习者的身体健康状况等。在智慧教育模式中，感知温湿度等环境信息的传感器与QRCode（二维码）、RFID、GPS等情境感知技术可以对情境进行感知，并将感知到的信息推送给用户或教育管理部门等。

情境感知是智慧教育的基础特征之一，智慧教育领域情境感知的对象主要包括学习者与学习环境两类，具体的感知内容比如：

- 教学活动场所的地理位置；
- 教学活动场所的光照、温度、湿度等；
- 教学活动开始、结束以及持续的时间；
- 学习者已有的相关知识背景；
- 学习者的学习习惯、认知风格等；
- 学习者的学习需求；
- 学习者的身体状况；
- 学习者的情绪状态。

### （2）无缝连接

智慧教育为了满足无处不在的学习需求，就需要构建能够无缝连接的泛在网络，无缝连接是智慧教育的又一基础特征。智慧教育的无缝连接主要体现在：

- 多终端访问：学习者能够通过拥有的多种智能终端登录教育平台，获取自己所需的学习资源与服务；
- 多终端切换：学习者能够根据自己的需要切换不同的智能终端进行学习，各个终端的应用数据可以实现实时同步、无缝切换；
- 社群联结：学习者可以根据自己的需求加入学习社群，并与社群其他成员进行高效的沟通和交流；
- 系统集成：基于统一的技术标准，不同地域或级别的教育服务平台可以实现系统集成和数据共享；
- 虚实融合：基于虚拟现实、增强现实等技术，真实的物理环境可以与虚拟环境进行虚实融合，实现无缝连接。

### （3）全向交互

教育活动的本质是一种交互的过程，智慧教育模式中的交互则是全向交互，既包括个体与个体之间的交互，也包括个体与物体之间的交互。

全向交互作为智慧教育的基础特征之一，具体表现为：

● 个体之间的深度交互：教师与学生之间以及学生与学生之间随时随地可以进行交互；

● 个体与终端的交互：教师、学生等以语音、文字等方式与教育系统中涉及的智能终端进行交互；

● 交互过程的记录：教与学的活动被实时记录，所记录的信息数据可以为后续的教学活动、教学管理等提供数据支持。

## （4）智能管控

作为一种智慧化的教育模式，智慧教育的一个重要的基础特征即对教育涉及的环节与要素（如教育教学、教育管理、教育服务、教育资源、教育环境）的智能管控。智慧教育的智能管控主要表现为：

● 智能调节：采集教学活动场所（如教室、图书馆、研讨室等）的环境信息（如光照、温度、湿度、空气质量指数等），并根据个体的需要进行自动化的调节；

● 智能分析：基于采集和挖掘的各种相关数据进行深入分析，为教育各环节的决策提供依据和参考；

● 智能诊断：基于采集和挖掘的数据，分析教育活动中可能出现的问题，并有针对性地给出解决方案；

● 智能调度：基于智能分析和智能诊断的结果，对教育经费的分配、教育机构的布局、教育资源的分布等进行科学调度；

● 智能控制：基于已有的统一标准，对教育服务、教育管理、教育资源、教育环境等进行智能化控制。

## （5）可视化

在智慧教育模式中，出于监控、观摩等方面的需要，数据需要以可视化的方式呈现，因此可视化也是智慧教育的基础特征。智慧教育的可视化主要包括以下几方面：

● 可视化呈现：与教育活动相关的各类统计数据能够以图表等可视化的形式清晰直观地呈现出来；

● 可视化监控：与教育活动相关的应用系统的运行情况能够通过视窗进行监控；

● 可视化操作：与教育活动相关的应用设备和系统能够通过设置合理的界面进行操作。

将教育与技术相融合的智慧教育模式已经体现出传统教育无法比拟的优势，也正成为教育改革的新范式。智慧教育涵盖与教育相关的方方面面，除智慧教学与智慧学习外，智慧教育还包括智慧教育服务、智慧教育评价、智慧教育管理等。智慧教育发展的初衷即以科技驱动教育的发展，以智慧化的教育生态系统培养高素质人才。

## 1.1.4  智慧教育的未来趋势

2012年3月13日，我国教育部通过《教育信息化十年发展规划（2011—2020年）》，提出"以教育信息化带动教育现代化，是我国教育事业发展的战略选择"。此后，我国陆续出台了一系列与教育相关的重要政策，这些政策都在一定程度上推动了我国教育信息化的发展，使得智慧教育成为国家层面的战略决策。

大数据、云计算、人工智能等技术在教育领域的应用，为教育产业的发展和教育创新变革提供了极大助力，智慧教育已成为科技驱动的教育发展新路径。随着技术在教育领域的不断深化，未来智慧教育将呈现出以下发展趋势，如图1-3所示。

### （1）智慧教育与智慧城市逐渐融合

要重塑未来教育新范式、发展智慧教育，首先应该建设智慧化的学习环境。通过对国内以及其他发达国家智慧教育领域的研究不难发现，智慧教育初始阶段着力的重点就在智慧学习环境的建设。而学习的需求是无处不在的，学习环境既包括家庭、教室、图书馆、博物馆等现实物理

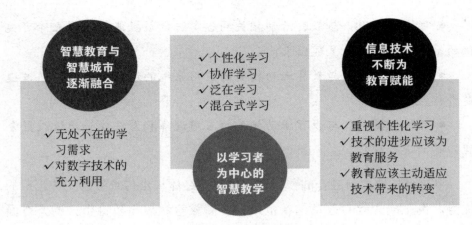

**图 1-3　智慧教育的未来趋势**

环境，也包括远程教育平台、在线教育平台等虚拟学习环境，建设智慧学习环境一方面需要增强现实物理环境的数字化、智慧化水平，另一方面需要加强线上与线下的联系，从而确保智慧教育不受时间、空间等因素的制约。

建设智慧化学习环境，最重要的一点在于利用大数据、云计算、物联网等技术。比如，借助物联网、人工智能等技术让学习者线上与线下的学习能够实时同步；大数据等技术能够基于学习者的需求为其推送定制化的教育资源；云计算等技术能够对可以获取到的优质教育资源进行整合，确保学习者能够共享所需资源。

通过以上分析不难看出，环境对于智慧教育的重要性不言而喻，而城市作为学习者活动的场所，城市环境的智慧化程度实际上也就决定了学习环境的智慧化程度。因此，从这个角度来看，未来智慧教育与智慧城市将逐渐融合。

### （2）以学习者为中心的智慧教学

传统的教育模式是以教师为中心的，教师作为授课的主体，直接决定了学生能够获取到的教育资源以及能够达到的学习效果。智慧教育则是以学习者为中心，倡导"Smart Learning"（智慧学习）。

当前的学习者是伴随信息技术的发展而成长起来的，擅长利用智能手机、平板电脑等作为获取学习资源的工具，对传统的教学模式较为抵触。

而智慧教育以学习者为中心、无缝连接线上与线下课程的教育模式更能满足他们的需求，也更有利于教育信息化改革的推进。近年来，国外一些知名大学通过微课、翻转课堂、MOOCs、SPOC等活动进行了较多的尝试并取得了不错的成果，我国的教育机构也在课程设计方面不断创新，力图改变传统的教育者与学习者的角色，构建以学习者为中心的智慧教学。个性化学习、协作学习、泛在学习、混合式学习等智慧化的学习方式，实质上正是围绕学习者的学习而设计的，力求能够为学习者提供更好的智慧学习服务。

### （3）信息技术不断为教育赋能

在智慧教育领域，有一种观点认为：智慧教育与传统教育的不同仅仅在于技术的引入，在于"机器"成为授课的主体，并不考虑个体的差异与学习者的情感需要，这种教育模式不利于培养学习者的主观能动性和创造性，也难以培养出高素质人才。实际上智慧教育的主流趋势之一即重视个性化学习。技术作为教育改革的重要助力，不仅能够提供智能终端与多样化的应用，更能够与教育深度融合，为个性化学习奠定基础，其中人工智能技术的深度学习（Deep Learning）和机器学习（Machine Learning）等能够再造和重塑学习模式，便于学习者个性化学习的开展。

经济的发展、社会的变革等大环境的变化，都对教育提出了更高的要求。技术作为改革的利器，必然也将融入教育活动的各个环节。要充分发挥技术在教育发展中的作用，首先应该理清二者之间的关系。技术是工具，教育是对象，技术的进步应该为教育服务，而教育也不能被动接受技术的冲击，而应该主动适应技术带来的转变。

其中，教育者、学习者、管理者等教育活动的参与者，一方面需要充分利用先进技术提高教育质量，另一方面也不能唯技术论；高等院校等教育相关机构，应该加强与企业之间的合作，培养综合素质高的创新人才，实现教育产业的转型升级；各级政府部门应该及时完善智慧教育相关政策文件，并加大在智慧教育产业方向的投入，提升数字技术在教育领域应用的普及度。

# 1.2 技术架构：智慧教育的关键技术及应用

## 1.2.1 5G网络：打造智慧教学模式

2018年4月13日，教育部发布《教育信息化2.0行动计划》，并在该文件中指出"适应5G网络技术发展，服务全时域、全空域、全受众的智能学习新要求"。我国的5G网络运营商和高职院校等纷纷响应政策号召，将5G融入教育领域中，积极发展和应用融合了5G的各类教育技术，打造"5G+智慧教育"生态体系。

5G具有传输速率高的优势，能够高效传输数据信息，为大数据中心和云平台传输数据信息提供方便。同时，5G网络的应用也有助于构建立体数字环境，为在线上课程中进行多人实时交流提供网络层面的支持，进而达到优化教学体验的目的。"5G+智慧教育"既能够助力传统线上教育实现高效教学，也能够推动教学模式快速革新。随着5G技术在教育领域的应用逐渐深入，教育行业亟须快速推进业务转型工作。具体来说，在教育领域，用户情况、用户需求和教育情境等各不相同，因此教育行业需要根据具体的需求为用户提供相应的服务。5G具有高速率、超大连接和超低时延的特性，因此5G网络在教育领域的应用能够有效解决在线教育服务中存在的缓存速度慢、传输效率低等问题。

教学是教育者向学习者传递学习内容的活动，是教育领域最为重要的内容。5G在远程教学、互动教学和实验课堂等形式不同的教学活动中的应用均具有优化教学的作用。具体来说，5G在远程教学中的应用可以促进虚拟现实（Virtual Reality，VR）、增强现实（Augmented Reality，AR）和全息技术等先进技术与教育的融合，为学习者提供更好的学习体验；5G在互动教学中的应用有助于实现高效互动，优化教学效果；5G在实验课堂中的应用可以生成拟真化的实验环境和实验过程，为教师和学习者提供沉浸式教学服务。

### （1）双师课堂

双师课堂是远程教学的主要形式，能够通过网络为乡村教学点提供多种教学服务和课程资源，丰富乡村教学点的教学课程，提高乡村教学点的课程质量和丰富程度，同时也能助推城乡教育均衡发展。

就目前来看，基于有线网络的双师课堂存在建设时间长、建设成本高和缺乏灵活性等不足之处，基于Wi-Fi网络的双师课堂则存在音画不同步、音频卡顿、视频卡顿等缺点，而5G可以凭借大带宽、低时延等优势为双师课堂提供网络层面的支持，充分确保开课时间的灵活性、课程视频的清晰度和实时性，进而达到优化双师课堂交互体验的目的。

### （2）远程全息课堂

VR、AR、全息投影等技术的应用能够实现以3D的形式为远端的学生呈现课件内容和教师授课影像，进而实现自然式交互远程教学，为学习者提供沉浸式的课堂体验，提高不同地区教育资源分配的均衡性。

5G在远程全息课堂中的应用既能够打通各个学校之间的自愿交互渠道，有效均衡各个教学点之间的教育资源，也能够利用全息投影技术构建3D智慧教学场景，为一对一、一对多以及多对多的远程教学互动提供支持，促进优质教育资源在多所学校之间共享。因此，基于"5G+全息投影"技术的课堂为师生提供了新的交互方式，同时也大幅提高了远程教学的适应性。

学校可以建设全息讲台，并设立全息直播教学区，为开设远程全息课堂提供方便，同时也可以通过远程全息课堂为学生提供国际文化展示、上课体验、参观培训和实操训练等服务。教师则可以在全息直播教学区进行远程直播教学，并通过观看高清显示器中的画面来掌握学生当前的听课状态，并与学生进行实时互动，确保教学效果。

### （3）互动教学场景

5G技术在各个互动教学场景中的应用能够大幅提高网络承载的带宽、传输速率、响应速度、安全性、可靠性和稳定性，降低传输时延，进而优化智慧课堂的应用，为教师提供更好的授课体验，同时也为学生提供更好的学习体验。

学校在将5G技术融入智慧课堂的过程中需要对智慧课堂的各个硬件模块进行5G化处理，使其能够实现5G化匹配。具体来说，这些硬件模块主要包括：

● 硬件终端：记忆黑板、一体化黑板、交互智能平板等设备均属于具有交互功能的硬件终端，它们能够在教师授课过程中发挥重要作用；

● 智慧学习笔：主要用于常态化录制和播放"名师优课"等资源；

● 班牌终端：主要用于走班考勤，能够进行合理排课，并为学生走班上课提供指导，突出各个班级和学校的文化特色；

● 授课终端：能够为教师授课提供方便，大幅提高教师的课堂教学互动效率；

● 高拍仪/移动展示终端：教师可以借助该设备在课堂上直接向学生展示教材和相关内容。

5G智慧课堂中配备的以上已经实现5G化匹配的硬件，能够助力教育者在各类智慧课堂中高质高效完成信息化教学、全过程教学评价、集中管控等工作。

① 信息化教学

信息化教学能够在课前备课、课中反馈、分层教学、移动授课和课后辅导等各项教学活动中发挥重要作用。具体来说，在课前备课环节，教师可以利用能够连接5G网络的智能手机、平板电脑等随时随地进行备课；在课中反馈环节，教师可以利用答题反馈器来采集和分析学生的随堂测试情况，并根据分析结果对教学方案进行优化调整，确保教学的高效性和有效性；在分层教学环节，教师可以根据学生的实际情况向不同层次的学生发送不同的教学内容，以便学生进行分组研讨和合作学习；在移动授课环节，教师可以利用移动终端进行移动讲台授课，提高授课的灵活性；在课后辅导环节，教师可以利用网络随时获取学生的学习情况等信息，并为其安排有针对性的辅导。

② 全过程教学评价

全过程教学评价能够提高教学的针对性、教学评价的合理性、决策的科学性和教育的均衡性。具体来说，基于5G网络的全过程教学评价可以广泛采集整个教学过程中所有的学生信息，并将这些数据信息上传到5G边缘云平台中进行分析处理，为学生、家长、教师、学校管理人员和教育部门等多方用户全面了解学生课堂学习情况、学习内容以及各项相关数据信息提供方便。

③ 集中管控

集中管控能够充分确保智慧课堂整个运行过程的安全性、稳定性和高效性。具体来说，学校可以将各项5G终端接入智慧课堂中，同时制定智慧课堂一体化解决方案，集中整合业务应用、设备状态、日志数据等信息并进行统一管理和可视化呈现。

## 1.2.2 物联网：赋能智慧校园建设

物联网技术正逐渐被应用到各个行业，并在各个领域发挥着重要作用，从教育领域来看，我国正在大力推动物联网技术与教育教学融合，力图借助物联网技术优化教学环境、校园服务、校园管理、教学资源和校园信息安全体系，提高各项相关工作的智慧化程度，构建智慧校园。

### （1）智慧校园的概念与特征

智慧校园是一种基于物联网技术的智慧化、综合性校园集成环境。智慧校园中集成了教育和科研等诸多内容，能够利用各类应用服务系统对学校进行综合管理。智慧校园包含了物联网以及与其相连的装配在教室、餐厅、实验室、图书馆、供水系统等位置的传感器设备，同时通过物联网连接起了学校、教育资源和生活系统，能够促进三者互相融合。

具体来说，智慧校园主要有以下几项特征，如图1-4所示。

① 物联环境全面感知

智慧校园可以通过与物联网相连的光纤传感器、方位传感器、位置传感器、压力传感器、重力传感器、温湿度传感器、红外传感器和高清摄

**图1-4　智慧校园的主要特征**

像机等设备全方位采集校园环境信息。

② 网络无缝互联互通

智慧校园利用互联网和物联网将各项软硬件、人员和信息等进行连接，打破人与物、物与物之间的信息壁垒，实现了全面互联，为信息交流和共享提供了强有力的支持。

③ 智慧资源共生互享

智慧校园能够建设、共享、管理和使用各类学习资源。

④ 信息整合

智慧校园能够全面整合计算机和计算机网络中的各项信息，并将这些信息应用到学校各个领域中，提高学校各个领域之间的关联性和协调性。

⑤ 校园内外智慧融合

智慧校园能够利用全面信息服务平台来传输信息，为学校与社会之间的信息交流提供支持。

### （2）物联网在智慧校园中的应用

① 智慧教学

智慧教学是智慧校园的重要组成部分，通常能够为学习者提供良好的学习环境，并为教师提供各类信息化教学资源，支持其开展个性化教学和互动教学。

智慧校园教学平台等先进的智能化教学设备能够在教学活动中发挥重要作用，是教育领域研究和发展的重要内容。一方面，教育行业需要优化传统教学设备，提高各项教学设备的智能化程度；另一方面，智慧校园教学平台具有学情检测、自动化评测、教学资源智能推送和学习方案智能化生成等功能，既能够为教师教学提供方便，也能为学生提供有针对性的学习方案。

② 智能照明

智慧校园中的智能照明系统能够针对场景、人数、用途等因素调整各项照明设备的照明时间和工作模式，并根据实际照明需求自动开关各项照明设备。与此同时，智能照明系统也能根据自然光照情况来自动调整室内照明模式，在充分满足各类场景的照明需求的同时降低各项照明设备的照明时长，进而减少能源浪费，延长各照明设备的使用寿命。

除此之外，融合了物联网技术的智能照明系统能够掌握教学环境中的各项影响照明的因素，并在对这些因素进行全方位分析的基础上制定完善的照明解决方案，提高照明管理的智能化程度，确保照明设备使用的科学性和合理性。同时，教师和学生也可以借助移动终端和控制面板等设备随时随地对照明设备的工作状态进行调整，充分确保照明环境的舒适性。

③ 智慧食堂

校园食堂通常具有人流量大、客源稳定、高峰期明显等特点，在用餐时段常出现排队拥堵等现象，且用餐人员的口味各不相同，校园食堂难以满足所有用餐人员的需求，同时还常出现食物浪费的现象，难以进行有效管理。融合了物联网技术的校园智慧食堂系统具有食品溯源、订餐管理、收银结算管理、营养分析管理、食品安全监控、后勤进销存管理和用户数据统计管理等多种功能，能够高效处理业务分析、菜谱管理、销售财务对账等工作，实现对学校食堂的精细化管理，进而为学校后勤人员的食堂管理工作提供方便。

不仅如此，校园智慧食堂系统还具备大数据分析功能，能够通过物联网广泛采集学生的食量、口味和饮食习惯等信息，并在对这些信息进行深入分析的基础上优化备餐方案，提高备餐的精准度，进而在充分满足学生用餐需求的同时减少食物浪费，帮助校园食堂达到降本增效的目的。

④ 智慧图书馆

近年来，图书馆网络的建设速度逐渐加快，相关应用也越来越多，学校在建设图书馆网络时需要充分考虑网络安全、照明系统管控、空调系统管控和图书馆资源访问授权等问题，并根据实际情况合理运用物联网技术针对这些问题制定相应的解决方案。

## 1.2.3　大数据：数据驱动的精准学习

教学大数据指学校在开展各项教学活动的过程中所有主体产生的数据信息，通常可分为课堂教学大数据、在线学习行为大数据和校外辅导大数据，学校可以利用教学大数据来革新教学模式，提高教学质量。具体来说：

● 课堂教学大数据主要包括教师行为相关数据、学生行为相关数据、教学评价相关数据、师生情感相关数据和课堂管理相关数据；

● 在线学习行为大数据主要包括课程学习行为数据、互动问答行为数据、在线讨论行为数据、练习测试行为数据和资源管理行为数据；

● 校外辅导大数据主要包括教学行为数据、个性化辅导数据和学生成长数据。

现阶段，我国教育领域还未完全打破不同渠道数据之间的壁垒，因此互相之间无法共享数据信息。教学大数据建设能够有效支持课堂教学数据、在线学习数据和课外辅导数据三者之间互联互通、开放共享，提升教学数据的整体性、综合性、共享性以及教学数据生态的一体化程度。

就目前来看，大数据在教育领域所发挥的作用越来越显著，教育领域应通过学校和课堂广泛采集各项教育教学相关数据，并利用这些数据来驱动教育创新，提高教育质量。从应用模式上看，教学大数据的应用有助于教育领域实现高效互动教学、适应性学习、智能化诊断与评价和个性化练习与辅导，如图1-5所示。

高效互动教学

个性化练习与辅导　　　　　　　　　　适应性学习

智能化诊断与评价

**图1-5　教学大数据的应用场景**

### （1）高效互动教学

课堂教学是提高学生核心素养的主要方式，课堂教学的革新是学校教育教学改革的重要内容。基于课堂教学大数据的高效互动教学能够凭借自身在数据分析、交流互动、信息反馈等方面的优势全面推进素质教育，在减轻学生学习负担的同时提高学习质量，打破"课堂学习效果差，课下补习负担重"的恶性循环，助力学生实现个性化发展。

在高效互动教学模式中，教师可以及时掌握学生对新课的预习情况，并据此制定针对性较强的教学方案；采用符合学生实际情况的教学方式，为学生提供合适的教学内容；可以针对学生的课堂表现为其提供相应的指导，并在课后为学生安排符合其实际学习情况的课后作业。

### （2）适应性学习

近年来，大数据、移动互联网等新兴技术飞速发展，智慧教育逐渐成为教育领域的热门话题，基于大数据技术的适应性学习也将逐渐成为教育发展的新范式。在适应性学习模式下，教师可以广泛采集并深入分析各项在线学习行为数据，根据对数据的分析来了解学生的认知水平、学习习惯等具体情况，从而精准把握学生的学习需求，向学生智能化推送学习资源，帮助学生稳固强项，弥补弱项，提高学习质量。智慧教育对在线学习行为大数据的充分利用有助于学生进行个性化学习和自适应学习。

北京师范大学开发的基于大数据的"智慧学伴"平台能够通过大数据分析的方式掌握学生学情，并根据学生对不同学科的知识的掌握情况来为其制定个性化的学科方案，不仅如此，平台还可以根据学生各学科的具体学习情况来推送学习资源，提高资源推送的针对性，为学生巩固知识和查漏补缺提供方便。

除此之外，"智慧学伴"平台还能广泛采集学生的学习行为数据，并通过对各项数据的分析来实现对学生的知识掌握程度和学习能力的精准判断，充分确保各项评价的准确性，以便根据反馈结果来帮助学生进一步优化学习效果，让学生能够真正掌握各项知识和技能。

### （3）智能化诊断与评价

智能化诊断与评价模式融合了许多不同的教学情景，教育行业可以在该应用模式下广泛采集和深入分析各类与学生学习相关的多模态数据，如学习行为数据、认知建构数据、情感体验数据和思维变化数据等，并根据数据分析结果调整和完善学习方案，优化学习效果。

教师可以通过课堂教学大数据对学生的课堂学习情况进行动态评价，并从评价结果出发对教学方案进行持续调整和实时优化，进而充分确保学生的课堂学习效果，同时教师也可以充分利用课外辅导大数据来实现对学生的课外学习情况的精准把握，并综合学生的课内外学习情况进一步完善教学方案，提高教学和辅导的针对性。

### （4）个性化练习与辅导

教学大数据的建设和应用能够有效解决作业练习和讲评缺乏针对性以及批改反馈滞后等问题，提高课后练习和辅导的有效性。具体来说，教师可以通过对课堂教学大数据的分析来了解学生的课堂学习效果，并为各个学生分别布置与其课堂学习情况相符的课后作业。除此之外，教师还可以对课堂教学大数据和校外辅导大数据进行综合分析，并根据分析结果为学生提供个性化的课后辅导，从而进一步提高课后辅导的有效性。

近年来，大数据在教育领域的应用日渐深入，数据驱动的精准教学逐渐成为教学大数据建设与应用的重要目标，教育领域也开始向科学化、精准化、智能化和个性化的方向发展。为了实现数据驱动的精准教学，教师需要充分发挥数据挖掘和数据分析技术的作用，广泛采集并深入分析课堂教学数据和在线学习数据，以便精准掌握学生在学习过程中出现的未达成目标和知识缺陷等问题，同时也可以及时掌握学生信息，并参考各个学生的各项信息来全方位优化教学。

## 1.2.4　云计算：引领教育信息化转型

云计算等新一代信息技术的发展和应用在技术层面为教育信息化转型提供了有效支撑。云计算技术在教育领域的应用不仅能够促进教学理念创新发展，也能提高教学活动的智能化程度，教育行业需要充分发挥云计算技术的作用，构建基于云计算技术的智慧教育平台，助力我国教育的现代化、科学化、智慧化改革。

基于云计算技术的智慧教育平台具有资源共享功能，能够为教师和学生提供大量优质的教育资源，为教师开展教学活动和学生学习提供资源方面的支持，帮助教育行业更好地培养人才。云计算技术融合了虚拟化、网络存储、负载均衡、效用计算和并行计算等多种计算机技术和网络技术，能够借助网络来融合多种虚拟技术手段，并以分布式计算的方式来处理网络中的各类数据。总的来说，云计算可以通过服务交付和应用来明确具体的服务需求。

近年来，各种教育技术的发展速度逐渐加快，应用范围也越来越广，智慧教育的重要性逐渐凸显出来。教育行业需要借助云计算技术来丰富智慧教育的功能，强化智慧教育的作用，提升智慧教育平台的使用价值，构建并优化完善智慧教育云系统。

### （1）智慧教育云的部署方式

一般来说，教育行业可以利用以下四种方式将云计算技术融入智慧教育中构建智慧教育云，如图1-6所示。

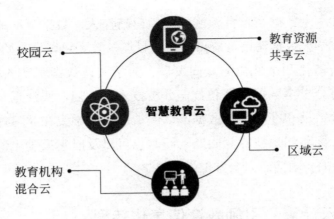

**图1-6　智慧教育云的部署方式**

① 教育资源共享云

教育资源共享云是一种基于云计算技术的信息化教育平台，也是目前应用范围较广的信息化教育平台，通常具有基础性和公益性的特点。教育资源共享云包含了教学资源平台、教育管控资源平台和基础信息存储平台等多种教育服务平台，能够为教师和学生提供各类基础服务，但难以根据教师和学生的具体需求来提供具有较强针对性的教育服务。

② 区域云

区域云具有教育资源共享以及使用时间和使用地点灵活等优势，但同时也存在服务范围和使用范围较小的缺陷，导致教育资源的共享范围受到局限。

③ 教育机构混合云

教育机构混合云能够为教育机构提供混合云服务，充分满足其在教育资源存储和共享方面的需求。具体来说，教育机构混合云既可以在私有云中存储数据信息，也可以获取公有云中的共享资源，但同时也存在平台构建难度高和运维成本高等不足之处。

④ 校园云

校园云的应用场景主要包括各个高校的信息化核心平台和具备一定条件的中高职院校的信息化核心平台等校园教育场景。一般来说，校园云具有独立防火墙，建设在校园内部且不与外界相通，同时具有大量教育资源，能够充分保证各项信息的安全性并为学校提供高质量的服务。

### （2）智慧教育云的服务模式

智慧教育中的云服务模块大致可分为基础设施即服务（Infrastructure as a Service，IaaS）、平台即服务（Platform as a Service，PaaS）和软件即服务（Software as a Service，SaaS）三种：

● IaaS模块主要用于教育信息的存储和计算工作以及桌面虚拟化、应用虚拟化和存储虚拟化等资源转化工作。

● PaaS模块是一种中间件，具有较强的模块化功能，能够在环境方面为智慧教育云平台系统中的各个运行单元提供支持，充分满足用户在再次开发方面的要求。

● SaaS模块通常在Web应用的支持下广泛应用于Salesforce、Dropbox等通用程序软件中。具体来说，Web 2.0应用能够在功能上为智慧教育云实现SaaS提供一定程度的支撑，另外协同管理、教学资源定义等手段的运用也能够为教育类SaaS产品的研发工作提供支持。

### （3）智慧教育云的功能

基于云计算技术的智慧教育具有多种教育功能，其中，智慧教育云的关键功能主要包括以下几项。

① 辨别服务场景

智慧教育云可以利用情景感应和情景辨别功能来获取用户状态、设施终端、使用需求等信息，并借助智能化手段对各项信息进行分析，充分把握用户需求，根据用户需求生成相应的指令信息，进而高效服务用户。

② 智能收集数据

云计算技术具有计算精确度高、智能化程度高和计算能力强等优势，能够在用户与云系统的交互过程中为用户提供所需的智能数据。云计算技术与智慧教育的融合应用需要具备教师行为模拟功能，具体来说，智慧教育云计算需要通过模仿教师组织教学资源和开展教育活动等行为的方式来了解用户状况、教学过程和教学评价等信息，并重塑当前的教育模式，实现对智慧教育模块的优化升级。

③ 加速搜索引擎

大数据时代，在智慧教育落地使用的过程中会产生大量数据，因此信息检索通常存在效率低、难度高等问题，而云计算等智能化技术的应用恰好能够解决这一问题。云计算技术具有智能搜索功能，能够通过模拟人类思维的方式实现对信息数据的精准高效搜索，充分满足用户在信息搜索方面的需求，让用户只需将搜索要求输入到搜索引擎中就可以快速获取自身所需的各项数据信息。

④ 支撑大数据画像

在智慧教育模式下，教学活动产生的数据量迅速增长，教育行业需要利用云计算技术来实现行为分解与认知分解以及集体数据与个体数据之间的转化，并根据海量用户画像数据构建具有全面性、精准性和多维度等特征的用户画像体系，增强智慧教育云的场景识别能力，提高场景识别的实时性，为不同的用户设置相应的行为标签、兴趣标签、场景标签、属性标签等多种标签，提高运营的个性化程度。

## 1.2.5 VR/AR：基于云渲染的智慧教室

近年来，虚拟现实和增强现实等技术的发展和应用大幅提高了虚实结合技术在各个行业落地应用的速度。VR和AR等技术在智慧教室中的应用能够在教师教学、课件制作、教学实训和虚拟仿真实验等教学活动中发挥重要作用，优化课堂教学效果，促进优质教育资源共建共享，有效缓解教育资源不均衡现象。

未来，教师可以借助VR、AR等技术的力量实现对教学内容的虚拟化展示，让学生能够通过与虚拟教学资源之间的交互来学习知识和技能，获得沉浸式学习体验。

### （1）VR/AR智慧教室

VR/AR智慧教室融合了物联网等先进技术，且配备了多种智能终端，能够综合利用电脑终端、智能终端、互动电子白板、即时反馈系统等智能化的软硬件来开展教学活动，同时教育行业也可以在此基础上进一步优化教学形式，创新教学理念，充分发挥各项智慧化功能的作用，为教师教学活动提供帮助。

VR 能够利用计算机技术和虚实融合的方式构建基于现实世界的"视听触一体化"虚拟环境，为用户提供虚实交互服务，让用户可以通过终端设备实现与虚拟环境中的对象的沉浸式交互，进而得到身临其境般的体验；AR 能够充分发挥 3D 技术的作用，通过虚拟影像与现实世界中的真实物体之间的叠加来增强视觉，实现虚实融合、三维配准和无缝交互。VR/AR 智慧教室中设置了多种实时 VR/AR 教学模块，能够以虚实结合的方式进行情景再现，为用户提供身临其境的体验，充分确保课程的直观性和课堂的趣味性。

### （2）基于云渲染的 VR/AR 智慧教室的应用

云渲染（Cloud Rendering）是一种能够在云端服务器利用计算机集群完成 3D 渲染任务并将渲染成果回传到本地的云计算技术。与本地渲染相比，云渲染具有计算速度快、图形渲染能力强、渲染模式多样、不占用本地终端资源、渲染成果回传速度快、制作周期短、渲染效率高等优势。

云渲染技术在教育领域的应用促进了 VR/AR 教学资源的共建共享，也在技术层面为构建 VR/AR 智慧教室提供了强有力的支撑。一方面，存储在云端的 VR/AR 教育资源可以通过 5G 网络实现在云端和设备终端之间高效传输，无须占用设备终端的存储空间；另一方面，在云端完成渲染任务能够有效减少终端设备消耗。

基于云渲染的 VR/AR 智慧教室的落地应用有助于教育行业快速打造校园网、科研基地、虚拟仿真实验室、大学生双创基地、VR/AR 视频课件制作中心等应用场景，降低对显示终端性能的要求，让教师和学生参与 VR 科研、VR 教学、VR 实验和 VR 实训等教学活动提供方便，同时还能够有效促进 VR/AR 教学资源共建共享，进而在减少渲染服务器相关成本支出的同时实现对 VR 资源的充分利用，为进一步推进大数据采集和 AI 科学研究等工作提供支持。

以飞行器为例，其在基于云渲染的 VR/AR 智慧教室中的应用主要包括以下几项：

① 虚拟仿真实验

在基于云渲染的VR/AR智慧教室中，航空航天领域的教师可以利用3D Max、Maya、AutoCAD等软件来构建3D的飞行器及其子系统模型，并利用VR编辑器对飞行器中的各项元件的属性进行自定义，明确各项属性之间的联系，同时在飞行器中引入仿真控制算法和传感器数据，以数据可视化的形式呈现各项元件的所有属性所对应的函数值，进而构建起动态虚拟仿真的飞行器及其子系统模型。不仅如此，航空航天领域的教师还可以在此基础上利用VR编辑器来实现VR/AR交互式触发显示功能，充分满足各类应用的需求。

② 教学应用

在基于云渲染的VR/AR智慧教室中，VR/AR教学系统可以随时调用VR/AR教学资源，为教师的飞行器仿真实验教学和重难点讲解等工作提供方便，除此之外，基于云渲染的VR/AR智慧教室还能够全方位记录教师的飞行器讲解和演示过程，并将其制作成3D课程资源存储到云渲染平台中，以便进行资源再生、资源复用和资源共享。

③ 科研应用

航空航天领域的教师可以从自身的研究内容出发利用虚拟仿真实验平台来开展飞行器相关的实验活动，并借助云渲染平台实现对飞行器相关动态虚拟仿真模型的灵活调用和对飞行器相关虚拟仿真资源的优化，同时也可以进一步加强研究内容与仿真算法之间的联系，利用VR技术对各项仿真实验进行还原。

④ 双创活动

VR/AR技术在智慧教育中的应用能够帮助学生减少在创新创业活动中的资金投入。具体来说，在零件生产方面，学生可以利用VR/AR技术来生成各种虚拟仿真模型，进而在不采购实体设备的前提下针对零件生产流程进行编程，并利用VR全仿真编程来生产与真实设备所生产的零件相同的零件。

⑤ 虚拟航空展

VR/AR技术可以构建各种虚拟仿真的飞行器模型，教育行业可以利用VR/AR技术和由VR/AR技术构建的虚拟仿真模型来建设用于教育的航空展览馆，以直观的方式向学生展示飞行器、经典案例和史实等知识，同时也为学校举办航空科技教育活动和航空爱国教育活动等与航空航天相关的教育活动提供支持。

# 1.3　落地实践：智慧教育的应用场景与路径

## 1.3.1　智慧教学：重构传统教学模式

教学是实现教育目标的基本方法，也是教育过程中的核心环节，大数据、区块链、虚拟现实等技术的发展为教学的智慧化转型提供了重要支撑。智慧教学的"智慧化"涉及备课、授课、作业辅导与答疑等多个环节，而智能化的教学工具可以从多个方面辅助教师开展教学工作，包括基于大数据技术分析学生学习情况、智能化推荐教学资源、根据需求自动生成教学方案、反馈与记录课堂互动数据、课下答疑与辅导等，如图1-7所示。智慧教学模式不仅有助于减轻教师的教学负担，还可以有针对性地实施教学策略，从而提升教学质量。

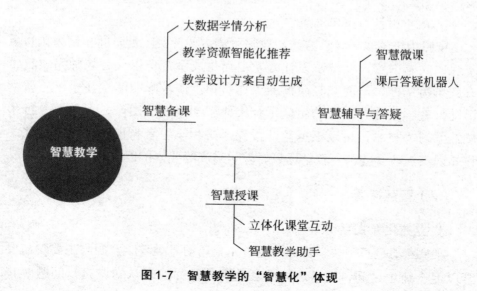

图1-7　智慧教学的"智慧化"体现

### （1）智慧备课

#### ① 大数据学情分析

学情分析的目的是通过对影响学生学习的各种因素的分析、评估与诊断，获取教学活动所需的各类信息或数据，并以此为依据制定实施相应的教学策略，改进教学方法，提高教学活动的成效，推进教育目标的实现。学情分析涉及的信息包括学生的基础信息（如兴趣爱好）、行为信息（如学习习惯）和心理信息等。

大数据学情分析则是在学情分析中引入了大数据技术，对学生学习情况进行多维度的深度挖掘，从而获取更为准确、全面的学情数据，并生成可视化的分析报告，辅助教师有针对性地开展教学活动。这实际上是在承认并尊重学生的个体差异的前提下，根据不同学生的学习需求开展个性化的教育实践，有利于提高教学质量，并真正实现因材施教。

#### ② 教学资源智能化推荐

教学资源智能化推荐功能依托大数据、机器学习等技术，能够评估、筛选出高质量的、符合教学实际需求的教学资源，并结合学科特点、不同教师的教学特点和个性化需求进行精准推送。在智慧化的教学资源库中，教师不必详细描述资源需求，也不需要花费大量时间检索和浏览，教学资源库平台就可以根据教师设定的需求标签和以往的授课信息自动提供定制化的教学资源。

#### ③ 教学设计方案自动生成

按照传统的教学设计方法，教师可能需要耗费大量时间和精力撰写重复性的文本内容，而教学设计方案自动生成系统可以代替教师完成教学方案撰写工作，从而减轻教师的工作负担，使教师能够专注于核心教学活动。教学设计方案自动生成系统集成了学科知识图谱、大数据分析和机器学习等技术，可以根据教师授课风格和学习者特征等因素，实现学科知识点与教学要求、教学场景、教学进度等要素的匹配。

### （2）智慧授课

#### ① 立体化课堂互动

课堂互动是基于教学目标、通过充分调动各类教学资源与主要参与要素以促进师生之间、同学之间的互动合作从而实现认知调整、问题解答的过程。传统课堂中的互动形式相对简单，互动程度有限，互动的时间成本与学习成效收益可能是不匹配的，还存在难以准确记录互动数据等问题。在智能技术的支持下，课堂互动可以实现抢答、随机提问、投票、分组讨论等多种互动形式，同时，各类课堂数据可以较为完整地留存下来，教师可以通过回看、分析课堂互动数据来了解每个学生的学习情况或课堂教学的不足之处，及时调整授课方法。课堂互动实现了网络化、数字化、智慧化，有利于取得更好的课堂学习效果。

② 智慧教学助手

智慧教学助手是虚拟智慧助手在教育领域的应用，可以为教学活动的开展提供有力支撑。教师可以通过文字、语音等方式与智慧教学助手进行交互，智慧教学助手可以为教师提供多种形式的支持服务，例如为教师解答各类问题、完成教师下发的指令任务，或辅助教师完成一些重复性工作或困难的工作。随着深度学习、自然语言处理等技术发展成熟，智慧教学助手将在课程准备、课程开展、课后测验与评估等场景中发挥重要作用。

### （3）智慧辅导与答疑

在日常教学中，辅导与答疑是帮助学生加深知识理解的重要途径，也是教师的重要任务。但教师局限于精力和时间，难以周全地顾及所有学生的辅导与答疑需求。而智慧化辅导系统或问答系统的应用，能够有效解决这一难点，针对学生的问题及时答疑，并减轻教师的工作负担。

① 智慧微课

智慧微课实际上是一种课堂外的智能学习工具，它可以对学生的作业完成情况或测试情况进行分析，基于其中的错误解答或不够完善的答案内容为学生提供相关学习资源（例如知识点补充或题目详解等），从而帮助学生查缺补漏，加深对知识的记忆和理解。智慧微课依托于文字识别、图像识别、自然语言理解等技术，可以自动定位、检索或提取知识点，并以一定的逻辑思路呈现，提升学生的学习效率。

② 课后答疑机器人

目前，智慧交互机器人正在快速发展，课后答疑机器人作为其在教育领域的应用，不仅可以准确理解学生的问题，还能够针对相关问题给出正确、全面的答案。值得注意的是，为了确保答案的合理性和正确性，作为答案来源的知识库需要经过专家或教师验证。另外，基于图像识别、文字识别等技术，课后答疑机器人可以自动识别纸质课本中的题目，从而辅助学生查找答案或与题目有关的知识点。随着算法模型技术的发展，课后答疑机器人有望成为支持学生自主学习的重要工具。

## 1.3.2  智慧课堂：驱动教学流程变革

智慧课堂是现代信息技术、智能技术在学校教学中的典型应用场景，也是教师开展信息化教学实践探索的重点。依托于现代数字技术，智慧课堂可以有效支撑先进教育理念的实施，促进多样化教育模式的发展。

智慧课堂基于"云——台——端"的网络平台架构，能够为学生提供一个多元化的、功能强大的学习环境，支撑落实"以学习者为中心"的教育理念。在智慧课堂中，学生可以充分利用各种数字化工具来改进学习方法，构建自己的知识架构体系，促进自身学习目标的实现。

随着新一代信息技术在学校教育领域的深入应用，传统课堂模式中的教学思路、教学模式、教学流程等都将发生深刻变化。在传统教学模式中，教学流程框架通常采用"5+4"的模式，对于教师来说，需要完成备课、授课、提问、布置作业、批改作业5个步骤，以达到"教"的目的；相对应地，学生需要完成预习、听课、回答问题、完成作业4个步骤，以达到"学"的目的。各环节步骤是相互影响、紧密联系的，通过各环节重复进行，实现"课前、课中、课后"持续发展的课堂教学循环。

但从实际情况来看，这一模式有其局限性，"教"与"学"的关联方式比较简单，主要通过教师与学生的面对面沟通实现。由此，受制于时间、地点的约束，教师无法与每个学生都进行深入交流与互动。而在智慧课堂的教学实践中，其流程框架主要涉及教学过程、学习活动和技术支持3个层面，每个层面有相互对应的8个环节。基于信息化平台技术，每个层面和环节都紧密联系，共同为"教"和"学"的深入互动提供有力支撑。各要素间的相互关系如图1-8所示。

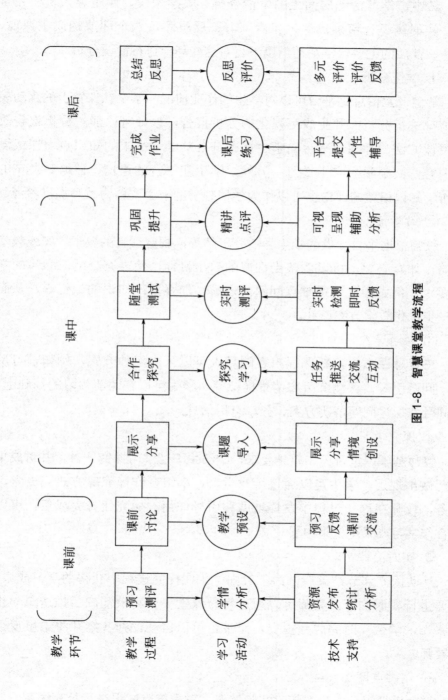

图1-8 智慧课堂教学流程

其中，学习活动层面上的学情分析、教学预设、课题导入、探究学习、实时测评、精讲点评、课后练习、反思评价八个环节构成了课前、课中、课后的主要教学活动，以下将对这些环节进行简要分析。

① 学情分析

智慧课堂信息化平台可以对学生的作业情况和学生在课堂上的互动表现情况进行分析，并生成可视化的分析报告，教师可以通过分析报告改进授课方法，并利用平台向学生推送符合其学习需求的知识点微课或测评内容，鼓励学生自主学习。另外，学生在平台的论坛、社群等发布的与所学知识相关的评论也可以作为学情分析的一手资料为教师提供参考。

② 教学预设

教师根据平台提供的学生学情分析结果，制定适宜的教学方案或教学策略，如有必要，可以调整当堂课的教学目标，使之充分适应学生的学习要求，例如强化对重难点问题的理解、加强基础知识的记忆等，从而进一步优化教学方案设计。

③ 课题导入

在智慧课堂中，新课程内容的导入可以采用多种方式，例如预习反馈、问题引导、评测练习和情景模拟等。学生可以在课前预习的基础上，共同合作探讨问题解决方案、分享有用信息。

④ 探究学习

教师基于课堂目标和教学要求，给学生下达学习探究任务，并对成果目标做出规定。学生可以通过游戏学习、小组合作探究等方式完成学习任务，教师在这一过程中发挥辅助和引导作用。探究任务完成后，可以将合作学习成果进行集中展示。

⑤ 实时测评

互动探究环节结束后，为了巩固学生在探究过程中获得的学习成果，需要进行实时测评。教师可以通过智慧课堂平台将检测题目推送至学生的终端，学生及时完成并提交，而平台可以自动评判答案并将结果反馈给教师。

⑥ 精讲点评

教师根据每个学生的随堂测验情况，对重难点知识进行补充讲解，并对学习重点和学习成果进行总结和评价，对测验中反映出的易错知识点进行辨析。学生则参考评测结果，根据教师的解析进一步强化对相关知识的理解，从已掌握的知识出发进行巩固、拓展。

⑦ 课后练习

教师可以根据不同学生的学习情况，通过智慧课堂平台发布个性化的课后作业。智慧课堂平台可以高效地辅助教师完成相关题目的判定，并结合学生的其他数据进行综合分析，为教师提供个性化的辅导方案和建议。

⑧ 反思评价

教师可以通过与同学的课下沟通交流，了解学生对教课方式的接受情况，并在此基础上进行总结反思，为后续的课程内容做准备。

与以往的课堂教学相比，智慧课堂的智能化、信息化程度都有了显著提升。现代数字技术在教学活动中的应用实践，不仅可以根据教师的教学需求和学生的学习需求精准匹配教学资源，以全面的数据信息支撑科学教学决策和实时评价反馈，还能够辅助开展多样化、立体化的交流互动，提高师生之间、学生之间的沟通效率，促进知识信息的传递与分享，从而提升课堂教学效率和教学效果。

## 1.3.3 智慧学习：面向未来的学习模式

学习过程是在一定场景中通过教学信息的交互实现对知识、技能、经验等文化成果的认知的过程。智慧学习则是将智能化的技术或工具引入学习过程形成新的学习方式，该方法可以辅助学生提升效率，减轻学习负担，并达到更好的学习效果。根据不同的交互方式和特征，智慧学习可以分为个性化学习、协作式学习、沉浸式学习和游戏化学习等，如图1-9所示。

### （1）个性化学习

个性化学习实质上与中国古代先贤孔子提出的"因材施教"思想是统一的。随着教育规模逐渐扩大，班级授课制成为学校教育的一般形式，

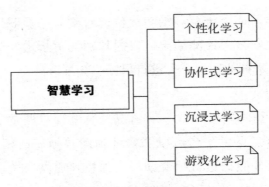

**图1-9　智慧学习的主要分类**

课堂中教师通常要同时面对数十个乃至更多的学生，这种情况下难以真正实现个性化学习或个性化教育。而现代信息技术的发展和各种数字化工具在教育领域的应用，为个性化学习开辟了新的实现路径。大数据、人工智能等技术在教育领域的支撑作用越来越受到人们的关注，这些新兴技术可以辅助教育者充分了解每个学生的个性特征和学习情况，并在此基础上为学生提供个性化的教学指导。

现代信息技术在个性化学习诊断方面也能够发挥重要作用。考试测验是目前应用最为广泛、最有效的学习诊断方法，该方法虽然能够考查学生对知识技能的掌握情况，但难以提供学生在学习方法、思维模式、性格特征等其他方面的有效信息。通过引入大数据等技术，能够有效改进学习诊断方式，从而充分、全面地了解学生的学习情况。

● 在伴随式、全过程的学习场景中，记录学生在课堂授课、随堂测验、作业过程、就学习与他人沟通互动等方面的数据，为后续的分析、评估奠定基础；

● 基于有关心理学模型、教育学模型和一定的算法规则，对学习者的学习状态、学习行为数据与表现进行全方位的分析、整合、评估，为学生的学习、自我提升与发展规划提供建设性意见；

● 将学生的学习行为数据转化为教育大数据，促使教育者关注到每一个学生的具体表现，并针对其高度个性化的特征制定相应的教学策略，从而促使学生的潜能得到充分挖掘与发挥，最终实现个性化发展，这也是因材施教理念得到充分贯彻的体现。

### （2）协作式学习

协作式学习是一种通过小组或团队协同合作，共同解决问题、完成学习任务以实现学习目标的学习方式，知识信息的共享和小组成员的协同工作是这一方式的有机组成部分。协作式学习一般涉及人员分工、任务分配、观点分享、知识总结等环节，其中协作效率问题是进行协作学习时需要重点关注的问题之一。

在数字技术赋能下的协作式学习，可以实现随机分组、指定分组等多种分组方式，并根据学习者的学习情况和个性特征合理分配学习任务，从而使小组分工的效率提高。

● 利用数字技术，可以将小组成员的观点看法、小组讨论结果等信息以可视化的方式呈现出来，从而提高小组成员之间或学生与教师之间的互动沟通效率；

● 基于数字模型构建的反馈评价系统能够实时反馈小组的共享信息和讨论结果，自动整合并生成评价反馈，从而保证学习讨论的效率；

● 协作概念图工具支持小组成员实时共同在线编辑，而智能录播系统能够记录下小组协作学习的全过程数据，这些数据将供给学生回看复习，或供给教师进行教学策略研究，根据小组成员的学习轨迹构建个性化的学习指导框架。

### （3）沉浸式学习

沉浸式学习最初用于第二语言的教学过程，目的是为语言学习者提供丰富多样的、真实的语言环境，进而帮助学习者真正习得第二语言。数字技术的应用能够有力推动沉浸式学习方式的发展。

数字技术赋能下的沉浸式学习是一种面向虚拟学习场景构建的新型学习方式，未来在强大的互联网信息技术的支持下，可以利用增强现实、虚拟现实和混合现实等技术，构建出全感知、沉浸式体验的学习环境，使学习者全身心、全方位地参与学习过程，这有利于提高学习者的积极性，并在某些学科领域（如医学、地理、天文学等）取得更好的学习效果。这一学习模式充分体现了沉浸式学习的核心特点——营造无限接近真实世界的学习情境，这可以辅助学生获得丰富的学习体验，加深对知识信息的理解和记忆。

### （4）游戏化学习

游戏在一定程度上是博弈思想的体现，而掌握信息、提升认知是取得较好博弈结果的基础，这与学习目的是相通的。游戏化学习是指将游戏元素融入学习过程，基于学习目标创设学习情境，通过所设定的探索、竞争机制，激发学生的学习兴趣，提供持续学习的内在动力。这一方法可以使学生在自主思考、沟通互动的过程中培养起较好的自主学习能力和思维能力，从而提升学习效果。不同于传统课堂中教师通过口头描述构建的游戏场景，在虚拟现实、物联网、深度学习等技术支撑下构建的游戏场景，能够为学生提供更强的临场感、真实感，从而鼓励学生在丰富的游戏场景中主动思考与学习，利用既有知识信息解决问题。

数字化、智能化技术除了用于辅助构建高仿真的游戏化学习情境，还可以对学生行为进行识别与反馈。其中，识别包括对学生的动作、语言的识别，识别是反馈的基础。反馈则包含两个方面，一是在物理空间对学生的行为做出反馈，例如通过自动调节实验室灯光亮度来帮助学生理解电流、电压相关知识；二是在虚拟空间对学生的行为做出反馈，例如游戏中的虚拟人物能够与学生进行流畅的语音互动，这涉及语音识别、自然语言理解、深度学习等算法技术。

## 1.3.4　智慧管理：精准的教务管理决策

随着教育模式改革的不断深化，教育领域内外部环境也日趋复杂，学校的教学教务管理水平和区域教育行政部门的监管水平也需要进一步提高。现代信息技术的应用，能够辅助管理者对各类教学资源进行科学管理与规划，并对现有管理工作流程进行改造升级，从而以更加科学、智能的教育管理模式适应教育实践的变革。

### （1）排课管理

排课管理系统依托智能算法模型，可以根据排课需求自动生成多种合理的排课方案，从而有效解决教学参与主体所处时间、地点的矛盾，实现大规模走班背景下教师、学生和教室等教学资源的统筹协调，有效提升排课效率和排课的灵活性。自动排课的实施主要包括以下流程：

① 收集基础数据

这些数据包括教师的任课数据、学生的选课数据、班级人数、教室的开课数据、科目的课时数据等，基础数据的收集可以为排课系统提供数据支撑。

② 输入限定条件

排课人员根据教学需求预先设置排课要求或规则，包括其他特殊情况、限制条件等。

③ 生成排课方案

依托智能算法，排课系统可以结合各类数据和预先设定的规则或要求自动生成若干排课方案，供管理人员选择。

④ 人工审核调整

所生成的排课方案需要经学校排课人员审核，并对不恰当的课程时间安排进行调整，最终将课表信息传递到师生一端。

### （2）考勤管理

数字技术也可以为考勤的高效化、智能化、自动化管理提供技术支撑，通过在宿舍门禁、教室等关键位置安装人脸识别摄像头的方式，可以自动识别、采集学生的考勤信息，从而对学生上课、考试等教学活动的出勤情况进行有效管理。

① 出入校考勤

目前，部分高校已经配置了用于记录出入校考勤的人脸识别系统，当学生离开或进入校园时，需要通过人脸识别验证才能通行，而考勤系统会根据学生的相关记录，获取学生是否住宿、请假等信息。

② 班级考勤

安装于教室前方的人脸识别摄像头能够识别出到课学生的身份信息，

并与排课管理系统中的应到课人员信息进行比对，从而自动排查出缺课人员，将相关数据反馈到教师或辅导员处，辅助考勤管理人员及时落实无故未到课人员的情况。同时，所有课堂考勤数据都能够准确记录到系统中。

③ 住宿考勤

宿舍区域设置的门禁系统也能够自动识别并记录住校学生的往来情况，对存在异常的住校生考勤情况及时进行反馈。

### （3）师资管理

集成大数据、深度学习等技术的管理系统可以辅助学校改善管理方法，对教师队伍进行精细化、科学化管理，具体途径包括对教师基础数据和日常行为数据的采集分析、构建"教师画像"等。

① 对教师基础数据进行集中管理

通过构建教师基础信息数据库来优化管理方法，提高行政管理效率。该数据库中除了记录教师个人信息等基础数据，还可以辅助学校开展相关管理活动，例如教师的招聘引进、日常考勤记录、薪资福利核发、培训培养、职称评定、离退休手续办理等。基于统一系统的综合管理模式有利于简化管理流程，提升管理效率，更好地为学院学科建设服务。

② 基于教师发展档案构建"教师画像"

管理系统可以基于完善的教师信息档案，结合教师在日常教课、备课和其他教研活动中的数据信息，构建能够反映教师发展状况的多维度指标体系，并根据各类数据的分析结果依托数据可视化技术形成教师个人或群体的"画像"，从而为教师提供科学的、有针对性的职业规划指导。

### （4）教学质量管理

现代信息技术可以为教学质量管理模式转型升级提供重要支撑。教学质量管理系统可以自动采集日常教课和考试测验中的相关数据，例如学生的课堂表现数据、考试成绩、测验数据等，并根据算法模型对所采集的数据进行深度挖掘与分析，根据需求对重要数据指标进行动态监测，最终形成较为全面的多维度分析报告，辅助学校管理者加强教学质量管理，并针对教学过程中存在的问题提供解决方案或思路。

在传统的统一管理模式中，可能存在"一刀切"、效率低等弊端，而在大数据等智能技术赋能下的教学质量管理，可以往精细化、差异化的管理方向转变。进行全面、科学的数据分析，能够为导师制、学分制等管理制度改革提供依据，有利于学校从管理角度践行因材施教的办学理念，打造个性化教育的特色品牌。

在教学质量管理实践中，对数据信息的分析通常包括纵向和横向两个维度。以考试数据为例，可以将不同班级、不同学科之间的平均分、通过率等数据指标和分布进行横向比较，即横向维度分析；也可以将某一班级在某专业上不同学年的考试数据进行比较，即纵向维度分析。从这两个维度出发，可以得出较为全面的教学质量分析结论，有利于教学质量变化规律的探究。

## 1.3.5　智慧考评：减轻教师工作负担

考试与评价是学校教育活动的重要环节，也是检验教师教学成效、衡量学生学习成果的重要途径，它有利于发现学生知识掌握的薄弱点，从而通过查缺补漏提升学生学习认知能力。建立以促进学生发展为目标的评价体系，是推动我国教育实践创新发展的必然要求。考试与评价作为该体系的重要组成部分，亟须进一步改革完善。

通过在考试和评价工作中引入智能信息技术，可以有效辅助组卷、监考、考试分析等多项工作的开展，从而大幅减轻教师的工作负担，提高考试准备、阅卷、考试分析等事务的效率。以下将对智能技术在各项考试和评价工作中发挥的具体作用进行阐述。

### （1）智能组卷

① 智能辅助命题

利用机器学习等算法技术，可以构建以教学需求为导向的知识图谱，并结合教材知识点和教学要求组建智能题库，从而辅助学校实现智能化的命题管理、考试管理。教师可以从题库中快速获取题目，进行直接引用或改编，从而提高命题效率。随着人工智能技术的发展，基于学习者特征的高度自动化命题有望实现。

② 试题难度系数预测

传统的命题活动通常由教学经验丰富的教师负责，旨在确保试题难度与学习者的能力匹配，将重要知识点融入试题，从而顺利达到学习质量检测的目的，这样的命题模式主要依赖教师的个人经验，对试题难度的评估主观性较强，而利用大数据等技术可以对学习者的学习数据、教师的教学数据进行综合分析，在此基础上对试题难度系数进行客观预测。具体方案主要有：

● 深度学习方案：依托深层神经网络技术，从试题中提取与难度系数相关的特征，例如试题中是否考查到困难知识点、解题思路是否符合学习者的学习经验等，通过分析计算后输出难度系数的预测值；

● 人工特征工程方案：命题专家首先给定计算难度特征的规则，预测系统基于这些规则从试题中提取有效特征进行智能对比，从而输出难度系数。

③ 试卷自动生成

智能组卷系统可以根据命题人的需求，结合所设定的知识点、考查范围、考查方向、难度等级、题量、题型和分值等要求，智能生成若干份试卷。命题人则需要对试卷进行审核、调整或优化，例如试题类型是否正确、试题内容是否合理、所考查的知识点是否符合教学要求等。命题人的把关是试卷质量的重要保证。

如果试卷中存在不恰当的内容，命题人可以在智能组卷系统中快速调取符合需求的试题进行替换。同时，命题人的审核结果将被及时反馈到智能组卷系统中，从而辅助系统开发人员改进与完善系统。

**（2）智能监考**

① 考生身份验证

考生身份验证是保证考试公平公正和考试结果真实有效的重要途径，也是考试实施与管理的重要环节。在传统考试实施过程中，监考人员需要在考生进入考场前逐一查验考生身份信息，包括查看学生证、身份证、准考证等，这不仅耗费时间，还可能存在作弊或验证失误的风险。而人脸识别、大数据等智能化技术能够辅助提升该验证环节的效率和准确性。

② 考试作弊防范

考试作弊防范也是保证考试公平性的重要手段之一。在传统考试中，对作弊行为的识别主要依赖监考人员的肉眼观察，作用相对有限，监考漏洞容易被不法分子利用。另外，在电子信息技术不断发展的背景下，各种作弊技术层出不穷，作弊行为往往难以被及时发现。因此，在防范考试作弊方面也需要引入数字技术，例如对作弊设备信号进行自动识别和屏蔽、通过智能摄像头对可能存在的抄袭行为进行预警反馈等。

③ 在线考试监管

随着信息技术的发展，线上教学、远程教学成为教学模式转型的重要方向，同时，线上考试也成为一种行之有效的学习质量检测方法。这使考试管理的范畴进一步拓展，在线考试监管方法亟待改进与完善，而智能技术可以作为重要支撑，为实时、有效的监管提供解决方案。

## （3）智能考试分析

① 学生作答情况分析

学生作答情况分析依据不同的教学需求、分析需求，涉及多个维度的数据统计，例如以年级、班级为单位的及格率、优秀率、平均分等，或以试卷、题目为单位的得分率、正确率等。智能算法、大数据、文字识别等技术的集成应用能够对各类结构化数据和非结构化数据进行精准统计与科学分析，充分挖掘出数据中蕴含的信息。

开发者可以通过专家系统等 AI 技术构建科学的分析模型，对学习者的测试情况进行自动化分析，并生成分析报告，以满足多样化的教学管理需求。分析报告包含多种类型：根据对象不同，有教师报告、学生报告、管理者报告、家长报告等；根据范围大小，有地区级报告、校级报告、班级报告等；根据比较方向，有班级多次考试纵向比较报告、学科内班级联考横向比较报告等。

② 试卷质量分析

试卷质量分析是指在考试结束后，结合整体测验效果、学生作答情况等数据对试卷质量进行分析，分析结论对后续教学活动开展有一定的指导意义，同时也能够为下一次考试命题积累经验。在传统的分析方法中，教师通常利用Excel等统计工具进行简单的数据采集与分析，其数据样本和分析方法的局限性可能导致分析结论不准确。而智能系统可以基于较为全面、准确的数据构建科学的分析模型，并得出关于试卷难度、区分度等指标的分析结论。

同时，智能分析系统可以将试卷内容与学科知识图谱进行比对，分析计算该套试卷的知识点覆盖是否合理；另外，系统可以根据对每道题设定的属性标签完成对试卷的自动审核与校验，辅助优化试卷结构，提升命题水平和试卷质量。通过全面、准确的分析报告，教师可以充分了解到考试与教学的拟合情况，相关管理者可以完善对考试程序、考试质量的管理。

## 1.3.6　智慧教研：提高教研成果质量

传统的教学研究工作中存在教研团队受制于时间、精力而无法专注于教研活动，或教研信息无法及时共享等问题，这使得团队才智难以充分发挥，复杂的教研计划或教研实验难以落实。智慧教研依托物联网、大数据等现代信息技术，可以为教研活动提供高效协作与信息快速共享的教研环境，提升团队成员积极性，促进教研成果创新与共享。

### （1）课堂实录与数据分析

课堂实录是指以视频方式将课堂教学过程记录下来，以供后续进行分析研究，是开展教研活动的重要途径。课堂实录能够完整记录下教师课堂教学的情况，包括外在的语言表达、仪态和面部表情等；同时也体现了教师的基本授课策略和授课风格，包括教学内容组织方式、教学方法技巧的应用和综合讲课水平等。

课堂实录视频作为后续教研活动的有效依据，录制时需要保证录制的质量。一般来说，进行课堂实录需要配备专业的摄像机和麦克风等设备，或在专门的录播教室里进行录制，录制过程中可能需要根据教师的教授内容调整镜头距离或方向等，这就离不开专业人员的辅助，由于课堂实录流程较为烦琐，因此难以开展常态化录制。而利用智能化技术，可以使课堂实录成为常态，并减少人员、设备的投入，录制过程中智能系统可以对教师的教学状态进行结构化分析，最终生成能够体现教育研讨成果的可视化分析报告。

### （2）网络协同教研

网络协同教研是依托于信息技术，在数字化、线上化的新型学习研究虚拟环境中进行协作探究学习、交流研讨的教学研究活动与学习方式，其目标是通过教师互助提升教师的专业化水平。

原先，教育博客、教育论坛是开展网络教研活动的主要载体，在线化的沟通探讨虽然打破了一般教研活动的时空限制，但其实时交互性不足，能够传达的信息也是有限的。随着现代信息技术的发展，云计算、5G通信等技术可以有力支撑线上教研活动开展，教师能够通过智能网络教研平台协同合作，深入进行教研理论实践。这一模式下的教研活动凸显了交互性、主动性、合作性等特点。

通过网络教研平台，参与评课、听课的教师可以通过语音、文字输入等方式进行交流研讨，并针对课例视频进行关键画面、关键语句的标注和点评。而平台系统可以基于语音识别与转写等技术自动生成字幕，并提取教师授课时在黑板或多媒体工具上呈现的关键课程内容，为研讨活动提供便利。同时，系统可以将授课视频与往期优秀案例进行对比，自动生成教研建议和评分意见。

## 1.3.7  智慧安防：构筑安全校园环境

智能技术、数字技术在校园安全领域也能够发挥重要作用。利用图像识别等技术，可以自动识别校园内或校园周边可能存在的危险，并及时反馈与预警，这有助于减轻校园安保人员的负担，并能够加强安全保障。同时，在校园食品安全、校车安全、校园网络安全等方面也可以起到积极作用。

## （1）校园安防

智能技术在校园安防方面的应用主要体现在以下两个方面：

● 一是对校外危险人员的识别。具体方法是将校园人脸识别系统与公安系统嫌疑人资料库连通，布设在校园门口或校园外墙的监控摄像头在捕捉到可疑人脸数据后，可以与库中的嫌疑人数据进行比对，从而对该人员进行风险判别，如果确认是危险人物，系统将自动预警和反馈，随后安保人员根据相关风险信息及时采取行动。

● 二是对校内人员异常活动轨迹的识别。系统可以根据校内学生活动轨迹的综合统计数据（包括地点人流量统计、停留时长、进出时间点等）和日常课程安排等信息，构建正常轨迹范围模型，如果发现异常情况（例如人群在某一区域内高度聚集或长时间滞留），系统会及时反馈风险预警信息。

## （2）校园食品安全

集成了图像识别、深度学习、可视化虚拟模型等技术的监控系统，可以辅助校园食品安全管理。

具体方法是以大量食堂员工工作过程中的动作行为画面作为训练数据集，构建食堂场景下的员工行为轨迹状态模型，实现对实时监控画面中出现的违规行为的自动识别和预警；同时，对食物存放区域（例如仓库、冷柜等）的湿度、温度等指标进行监测，定期抽查食材保鲜状态数据等。因此，智能化技术可以有效辅助学校后勤管理人员在校园食品安全方面的监管工作。

## （3）校车安全

集成了车联网、人脸识别、人工智能等技术的校车安全监管系统，可以为校车行车安全、停站上下车场景安全等提供重要支撑。家长、学生或教师可以通过移动终端随时查看校车的行驶路径、所在位置和预计到站时间等；校车驾驶员则可以通过智能车联网系统获取实时交通路况信息和最优行进路线规划信息等。另外，可以利用摄像头等设备实时监控车内情况，如果发现学生滞留，系统将向校车驾驶员自动反馈与发出预警。

### （4）校园网络安全

智能技术可以辅助强化校园网络安全，为师生提供正向、安全、"清洁"的网络环境。其支撑作用体现在：过滤校园网中的有害信息、监测诈骗等非法网络行为、处理病毒等危害信息安全的风险等。

例如，为了响应教育部对校园网络安全的监管要求、保障校园信息系统安全，位于海南的微城未来教育学校整合校园内的信息设备和网络终端构建了安全监管系统。系统可以对校园网中的交互数据进行实时监控，为校园网络安全提供重要保障。

安全监管系统中集成了图像识别、智能语音和文本识别、敏感词库及文本信息检索等技术，可以对海量信息进行分析比对，自动拦截有害信息，对云平台可能面临的风险进行安全预警。同时，系统还可以识别图片中的手写文字、图画等较为抽象的信息。

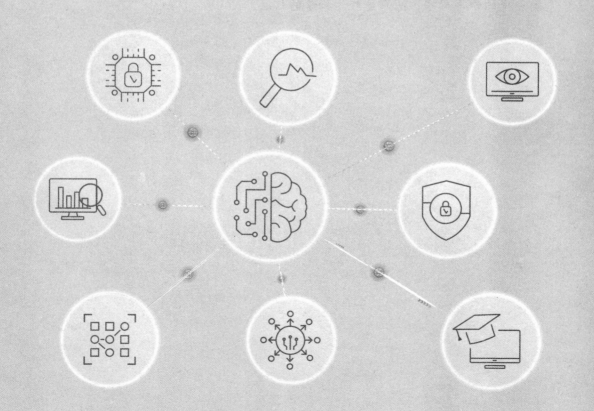

第**2**章

# Web 3.0+智慧
# 教育

# 2.1 Web 3.0时代：开启下一代互联网革命

## 2.1.1 Web 3.0的概念与特征

2006年初，被誉为"万维网标准之王"的杰弗里·泽尔德曼（Jeffrey Zeldman）首次提出"Web 3.0"的概念，拓展了人们对于互联网发展的想象空间。随着区块链和人工智能等先进技术的快速发展，互联网创新逐渐成为各行各业研究的热门领域，Web 3.0是运行在区块链技术上的去中心化互联网，也是各行各业关注的重点。同时，Web 3.0的发展还可以推动信息技术进步，驱动经济、科技、文化和社会实现高质高效发展。

### （1）Web 3.0：下一代互联网形态

Web 3.0是一种基于区块链技术的新型互联网，能够将数字资产化，通过数字生产和数字消费的方式促进经济发展。与Web 2.0相比，Web 3.0融合了分布式账本技术，具有可信度高、协同性强、分布式存储等优势，能够利用多个节点共同完成数据存储和数据传输等工作，充分确保数据资源的安全性，同时也能整合信息流、业务流和价值流，并利用智能合约来确保数据的可信度，提高各项网络应用服务的规范性和简洁性，打破中心机构在数据处理方面的限制。从本质上来看，Web 3.0是Web 2.0的升级版本，在Web 3.0中，用户可以不再受身份的限制，直接建立并使用一个去中心化的数字身份进出各个平台。

互联网从Web 1.0过渡到Web 3.0的过程，是一个网络连接的文本时代向网络连接的数据时代发展的过程，随着语义网、人工智能、虚拟现实等信息技术、数字技术的发展，互联网虚拟空间的应用价值将进一步被开发，基于信息聚合、用户行为习惯和线上交互生态，用户将成为网络交流的中心，而Web 3.0下的远程教育将成为教育领域的重要组成部分。

### （2）Web 3.0的主要特征

具体来说，Web 3.0的特征主要包括以下四个方面，如图2-1所示。

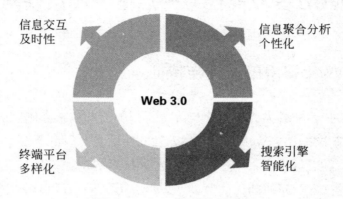

图2-1　Web 3.0的主要特征

① 信息聚合分析个性化

随着数字化教育的发展，丰富多样的学习资源能够更好地满足学习者多样化的学习需求，学习者可以构建符合自身需求的个性化的教育内容生态平台。该平台可以根据学习者的需求或偏好汇集海量线上教育资源，同时能够对各类UGC（User Generated Content，用户生成内容）进行筛选和过滤，保证内容质量。在公共网络中，内容提供商可以基于推荐算法，点对点地为不同用户推荐其可能感兴趣的内容。

② 搜索引擎智能化

在Web 3.0生态中，搜索引擎将变得更加智能。深度学习等算法模型赋予了搜索引擎一定的逻辑判断能力和推理能力，使其能够搜索到充分满足用户需求的结果。Web 3.0可以实现对各类内容信息的高度整合，依托各种形式的"过滤器"，用户可以随时获取符合要求的信息流数据集。这一优势能够在线上教育领域得到充分发挥，平台可以按照一定逻辑对各领域的知识进行整合，形成全面的、高质量的知识库，用户则能够通过智能搜索引擎高效、便捷地获取各类信息，构建定制的、个性化的知识内容平台。

③ 终端平台多样化

Web 3.0应用场景有可能打破目前Web 2.0下移动端与PC端之间存在

的信息隔离，不仅实现不同网站之间的数据交互，还能够兼容不同的终端系统，加快信息的互联互通。例如，用户在 Web 3.0 环境下能够通过同一个终端自由访问和提取 iPad、iPhone、PDA（Personal Digital Assistant，掌上电脑）、IPTV（Internet Protocol TV or Interactive Personal TV），交互式网络电视等终端设备的信息。

④ 信息交互及时性

Web 3.0 为大范围、大流量的多人实时在线交互提供了支撑。例如，不同平台之间可以在授权的基础上实时、自动更新数据，以保证内容信息的同步性与准确性。活跃于不同平台的用户可以通过 Web 虚拟操作系统实时在线浏览、编辑、整理数据信息，统一、完整的信息有利于避免因信息差带来的各种风险。

### （3）Web 3.0 的技术架构

Web 3.0 的技术架构主要由搭建在区块链上的基础设施层、组件层和应用层构成，如图 2-2 所示。

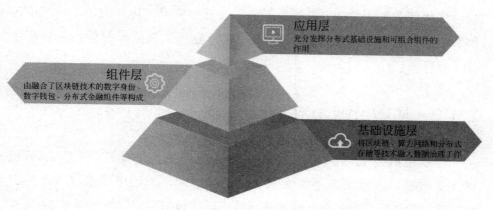

**图 2-2　Web 3.0 的技术架构**

① 基础设施层

为了有效防范洗钱、身份盗窃、金融诈骗等犯罪行为，确保数据的安全性，需要将区块链、算力网络和分布式存储等技术融入数据治理工作中，并通过完成"了解你的客户"（Know Your Customer，KYC）认证的方式来监管数据存储工作。

具体来说，区块链等技术的应用大幅提高了基础设施层的数据治理能力和数据的安全性，确保数据可追溯、难篡改，同时包含众多小规模可信主体节点的联盟链也能够对运营主体进行管理和控制，但联盟链通常存在用户范围小、网络规模小等不足之处，而包含大规模匿名用户节点的公链具有缺乏上链门槛、用户范围广、监管难度大等特点，难以有效管控各项金融应用，极易出现非法融资等违法犯罪事件。

② 组件层

组件层主要由融合了区块链技术的数字身份、数字钱包、分布式金融组件、数字资产管理组件、通证发行和流通组件等多个部分构成，能够为各行各业交易数字资产，构建应用生态、确保数据安全和实现应用互操作提供帮助，提高相关解决方案的针对性和个性化程度，稳定Web 3.0技术的总体架构。

③ 应用层

应用层能够充分发挥分布式基础设施和可组合组件的作用，重塑基于Web 2.0的数据流通、跨境支付、供应链管理和知识产权管理等应用场景，优化创新基于Web 3.0的金融应用、社交应用、协作应用和游戏应用等数字原生应用的表达模式，提高互联网应用生态的多样性，充分满足各项互联网应用的相关需求。

## 2.1.2 从Web 1.0到Web 3.0

20世纪80年代，基于Internet的Web服务的出现促进了信息通信技术快速发展，信息交流不再受限于时间和空间，人们可以通过Web实现大规模的信息交流和互动。近年来，信息通信技术飞速发展，Web 3.0逐渐成为当前的热门技术，并进一步驱动信息通信技术变革，为人们的生产、生活和工作带来便利，促进社会的各个方面和各个领域实现快速发展。

从Web 1.0到Web 3.0的进化过程如图2-3所示。

### （1）Web 1.0：联通世界

1991—2004年，万维网的发展进入第一阶段——Web 1.0阶段，Web 1.0

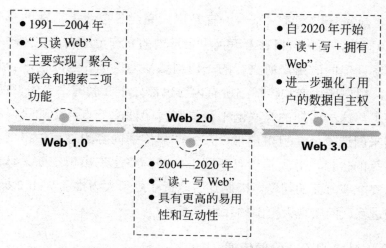

图 2-3　Web 1.0 到 Web 3.0 的进化过程

指个人电脑时代的互联网，也被叫作"只读 Web"。具体来说，在 Web 1.0 时代，网络的发展降低了信息交流的难度，人们可以通过网络获取所需信息，但这一时期的网络技术还未发展成熟，因此 Web 1.0 存在信息表现形式不够丰富、内容单一、缺乏层叠样式表（cascading style sheets，CSS）、缺乏动态链接等不足之处，无法为用户提供博客评论等互动服务。

从本质上来看，Web 1.0 主要实现了聚合、联合和搜索三项功能，能够集中整合大量网络信息，充分满足用户在信息搜索和信息聚合等方面的需求，但难以帮助用户实现与信息以及其他用户之间的沟通交流，存在互动性低的缺陷。

### （2）Web 2.0：内容为王

自 2004 年起，万维网的发展进入第二阶段——Web2.0 阶段，Web 2.0 是在以用户为主导的基础上生成的内容互联网产品模式，也被叫作"读+写 Web"。具体来说，在 Web 2.0 时代，移动互联网逐渐走向成熟，YouTube、Facebook、WeChat 等网络平台的应用越来越广泛，网络用户可以利用多种多样的在线工具和网络平台自主生成内容，并将这些内容上传到网络中进行大范围传播，进而达到与其他用户交流的目的。与 Web 1.0 时代的网站和应用程序相比，基于 Web 2.0 的网站和应用程序具有更高的易用性和互动性，同时用户的参与度也大幅提高。

就目前来看，互联网平台一直是用户完成各项线上活动的基础。在Web 2.0时代，用户可以在互联网平台规则的允许范围内自主生产和传播各类内容，但同时用户所进行的一切网络活动也都在互联网平台的控制范围内，用户所生产和传播的所有内容也都处于互联网平台的管理当中。由此可见，这一时期的互联网平台具有封闭性的特点，企业可以利用用户数据来创造价值，但用户难以在生产和传播内容的过程中得到与自身付出对等的价值，导致基于互联网平台的网络生态出现垄断、算法歧视和隐私安全等方面的问题，因此互联网行业亟须大力推动Web 2.0迭代升级，促进互联网实现大范围的互联互通。

### （3）Web 3.0：价值传递

万维网发展的第三个阶段是Web 3.0阶段，Web 3.0涉及互联网发展的多个方向，是一种具有去中心化和安全性高等特点的互联网，也被叫作"读+写+拥有Web"。具体来说，在Web 3.0时代，互联网与区块链技术的融合越来越深入，用户可以在不借助中间商和大型科技公司力量的前提下通过网络来重新分配价值，充分确保价值交换和信息交互的安全性，与此同时，数据逐渐成为具有较高价值的重要资产，数据的交互也促进了价值流动。

与Web 2.0相比，Web 3.0的底层本质已升级为人类自然语言，Web 3.0既可以组合各类信息，也可以为浏览器理解网页内容提供支持，同时Web 3.0还可以模拟人类的行为方式，自主学习各类知识，利用已有信息进行知识推理，并在此基础上生成准确性和可靠性更高的信息，进而帮助用户提升与互联网交互的自动化水平，促进用户与互联网之间的交互向智能化和人性化的方向发展，为数字孪生技术的发展和应用提供网络层面的支撑。因此，Web 3.0进一步强化了用户的数据自主权，用户可以拥有自身的数据并利用这些数据创造价值，进而获取回报。

综上所述，万维网的发展和应用打破了地区之间的信息壁垒，为人们采集、浏览、传输和共享信息提供了方便。未来，网络信息技术将进一步发展，互联网的智能化程度也将不断提高，为人们的工作和生活带来更多便捷。

## 2.1.3　Web 3.0的应用与探索

就目前来看，世界各国都在积极推动技术创新和应用场景创新，并充分发挥各类新兴技术的作用为各行各业的变革提供助力，同时也在加快建立健全相关监管制度，加强对违法犯罪行为的防范。

### （1）Web 3.0与产业区块链

我国积极推动区块链技术与物联网、人工智能、隐私计算❶（Privacy compute 或 Privacy computing）等多种先进技术的融合，提高基于区块链的 Web 3.0的可信程度，并将区块链技术广泛应用到金融、司法、零售等多个领域，借助区块链技术提高产业信用和产业协作效率。

随着区块链技术与产业的融合越来越深入，产业区块链的发展和应用将逐渐走向成熟，区块链将会为产业应用的落地提供技术层面的支持，并助力产业应用充分发挥价值。

● 区块链与物联网和人工智能等技术的融合能够实现数据上链存储，充分确保数据的真实性和安全性，进而提高产业的可信程度；

● 区块链与隐私计算技术的融合能够确保数据在使用时的安全性，为数据提供安全保障，进而为产业数据交易市场等各个产业链环节的稳定发展提供支持；

● 区块链与数字人民币的融合能够实现链上支付、链上风控等多种功能，完善以数字人民币为基础的支付计算体系，提高链上业务的丰富性和完整性，打造链上业务闭环。

### （2）Web 3.0与数字藏品

据 ForeChain 公开数据显示，2022年下半年，我国数字藏品发行市场的热度大不如前，数字藏品的销售量和销售额大幅降低，蚂蚁鲸探❷等平

---

❶ 隐私计算：在保护数据本身不被泄漏的前提下实现数据分析计算的技术集合，以达到数据的"可用不可见"。

❷ 鲸探：蚂蚁集团旗下数字藏品售卖平台，于2021年12月正式上线。

台甚至出现数字藏品滞销的情况。具体来说，此前我国数字藏品大多是现实世界中的知识产权（Intellectual Property，IP）作品的数字孪生品，而其他国家发行的非同质化通证（Non-Fungible Token，NFT）大多为数字原生产品，二者之间存在较大差别。现阶段，我国数字藏品发行市场已经走向IP和NFT相结合的发展道路，未来，数字藏品领域将进一步优化藏品设计，强化社区运营，推动多技术融合，并促进数字藏品产业与实体产业融合。

一般来说，数字藏品的发展主要有以下特点。

● 由实到虚：数字藏品与元宇宙技术互相融合，用户可以在元宇宙空间中沉浸式体验数字藏品的各项功能；

● 由虚向实：数字藏品行业将虚拟空间中的数字藏品生产成实体商品，并置于现实世界中进行展示；

● 数字原生：数字藏品行业在虚拟世界中利用AIGC技术自动生成各类数字藏品。

### （3）Web 3.0与数字营销及零工经济

在Web 3.0时代，去中心化组织（Decentralized Autonomous Organization，DAO）的出现有效提高了营销工作的高效性和灵活性，同时也降低了营销成本，一般来说，大部分参与者以通证持有或NFT所有权的形式参与到营销工作当中。营销行业可以通过综合运用DAO和NFT的方式来重塑会员和社区体系，构建新的营销组织，提高产品营销和服务营销的精准度。

同时，在Web 3.0时代，组织形式和经济范式不断更新，企业可以借助Web 3.0来优化利益分配，提高用工场景的灵活度，为实现低本高效发展提供助力。

近年来，我国灵活就业者数量越来越多，远程办公相关技术快速发展，市场对远程办公的接受度也不断提高，分布型协作模式和零工经济将迎来新的发展机遇。我国针对Web 3.0落地应用制定了许多法律法规和监管规范，因此各行各业的企业均需深入学习和了解我国的相关法律法规，明确DAO在我国法规下的定义，并借助Web 3.0解决与劳动者经济分配相关的财务问题和税务问题。

### （4）Web 3.0与ESG及可持续发展

Web 3.0和元宇宙的融合应用为企业推进环境、社会和公司治理（Environmental, Social and Governance，ESG）工作提供了助力，也为企业实现可持续发展提供了强有力的支持。具体来说，Web 3.0有助于企业节约能源，减少污染物排放量，提高业务目标与环境目标、社会目标以及治理目标之间的协调性。

● Web 3.0融合了区块链技术，能够借助智能合约自动执行预先定义的规则和条款，降低人工的参与度，进而达到减少人工成本的目的；

● Web 3.0的应用革新了组织协作方式，能够通过降低出行需求等多种方式来减少污染物排放；

● Web 3.0融合了区块链技术，具有数据可追溯和可靠性强等优势，能够为企业响应"双碳"号召提供支持，同时也可以提高ESG日常监管的有效性和数据披露的可信度。

## 2.1.4 人类文明的数字化迁徙

Web 3.0的落地改变了原有的数字经济格局，革新了组织形态，也为经济、社会和文化的创新发展提供了有效驱动力。

### （1）经济变革

在Web 3.0时代，数字资产逐渐从平台转移到用户手中，用户可以利用自身拥有的数字资产展开各种价值创造活动。就目前来看，NFT可用于确定图片、音乐等数字产品的数字资产产权中，同时用户也可以在区块链中记录自己的NFT，以便保护数字资产的安全。

去中心化金融（Decentralized Finance，DeFi）是一种基于区块链的金融基础设施，能够利用智能合约技术确保数据信息的真实性和可信性，提高金融业务的开放性和透明性，有效解决金融审查过度和金融服务不平等的问题，帮助金融领域充分认识到产品服务的重要性，并促进价值创新。

与此同时，Web 3.0对经济的变革作用还表现在以下几个方面：

● Web 3.0可以改变经济结构，破除原有的大型互联网企业的经济垄断，但同时也可能被加密货币交易所等组织利用，构建新的经济壁垒，干扰经济市场发展；

● Web 3.0可以为数字经济的发展提供助力，我国可以从NFT以外的其他方向和维度积极推进Web 3.0经济建设，以便有效防控金融犯罪行为，为各类数字法定货币在虚拟世界中的流通提供安全保障，助力我国数字经济实现高质量发展；

● Web 3.0有助于我国建立健全NFT产业体系，加大对NFT产业的监管力度，就目前来看，我国已经制定了《NFT平台与产品评测》等多项行业标准，并积极落实对数字藏品产业的监督和管理工作。

### （2）社会变革

在Web 3.0时代，组织形态逐渐从中心化组织转变为DAO，DAO中没有隶属关系的制约，各个节点可以借助共识机制和智能合约等技术来互相协作，提高协作的有效性、高效性、智慧性以及自动化程度，减少在交流、交易和可信度等方面的成本支出，实现数字化管理。现阶段，Moloch DAO、Flamingo DAO等小型组织已经开始采用DAO的组织形式，随着Web 3.0的不断发展，未来，DAO将在各类大型组织中发挥作用，而使用DAO的组织也需要加强对网络、权力和职责的监督和管理。

在我国，DAO已经被应用到各个小型组织中，帮助组织更好地处理用户治理和组织管理等工作。为了确保DAO的健康发展，我国应加大在安全、技术和法律等方面的监管力度，解放用户思想，积极向用户科普去中心化的机制，提高用户对去中心化的机制的接受度。

### （3）文化变革

从文化上来看，Web 3.0的应用强化了艺术作品产权保护和文化遗产保护，优化了用户的游览体验。具体来说，Web 3.0为数字存储技术的发展和应用提供了助力，用户可以通过数字存储的方式有效管理各类艺术作品的知识产权和相关合同，并保护艺术家的权益，为艺术创造活动提供强有力的支持，同时Web 3.0也能够与VR、AR等先进技术共同作用，实现对文化遗产的有效保护，并为博物馆中的游客提供沉浸式的游览体验。不仅如此，Web 3.0还可以借助区块链技术来提高游戏修改和优化过程的可视化程度，方便用户了解游戏升级迭代的过程，提高游戏在语言、文字、音乐等多个方面的性能，并将NFT转化为游戏道具，实现金融游戏化（Game finance，GameFi）。

近年来，我国大力推进文化与Web 3.0互相融合。2022年9月，华东政法大学传播学院、同济大学人文学院和清华大学国家形象传播研究中心等20多所高等院校和科研机构共同举办"文化元宇宙的中国印象"活动，将区块链数字藏品作为承载和传播文化的新工具，积极利用各类数字化技术和工具来对外传播中国传统文化，驱动我国传统文化实现高质量传播。

# 2.2　Web 3.0时代的数字化远程教育

## 2.2.1　Web 3.0时代的远程教育特征

随着信息技术的发展，各种各样的信息呈爆发式增长，在线教育、学习资源也不断丰富，而从其中筛选并获取优质的学习资源是远程教育学习者的基本需求。同时，为了响应国家提升人才培养水平、全面提高高等教育质量的政策号召，部分远程教育试点高校积极推进管理体制创新，搭建了涵盖学校、学院和学习中心的三级管理架构。另外，Web 3.0可以为远程教育向高质量发展提供有力的技术支撑，充分统筹、调配高校教育资源，促进成人教育、在职教育的发展。

Web 3.0时代远程教育的数字化程度将进一步加深，不仅仅是教学内容的载体呈现数字化，授课方式也会发生数字化转变。与传统的全日制专业教育相比，传统的远程教育的最大特点在于教学过程"时空分离"，由此，学生在学习过程中产生的疑问可能无法及时得到解决。同时，远程教育还存在知识内容更新不及时、学生缺乏自主学习积极性等问题。

而 Web 3.0可以提供丰富的教学场景和授课模式，例如虚拟实验、实操模拟、电子书、电子教室等，从而带给学生更加直观的学习感受，增强课程趣味性，加深对知识的记忆和理解，有利于培养学生的创新能力和实践能力。另外，数字化的授课方式可以促进教学观念、教学理论的更新与转变。

具体而言，Web 3.0时代的远程教育具有以下几个方面的特征，如图2-4所示。

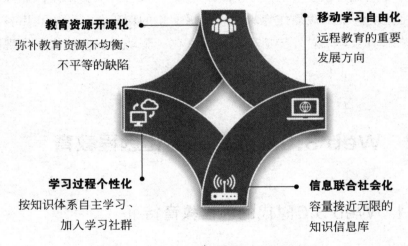

教育资源开源化
弥补教育资源不均衡、
不平等的缺陷

移动学习自由化
远程教育的重要
发展方向

学习过程个性化
按知识体系自主学习、
加入学习社群

信息联合社会化
容量接近无限的
知识信息库

**图2-4　Web 3.0时代的远程教育特征**

## （1）教育资源开源化

随着数字化远程教育的发展，能够为远程教学活动提供支撑的各类算法模型、应用程序将进一步升级迭代，而学校等教育机构可以利用各类算法建设教育教学资源库，并通过授权实现全国范围乃至全球范围内优质教学资源、学术资源的共享与交流。教育资源的开源化发展，有利于教育资源的普及，能够弥补传统教学模式中教育资源不均衡、不平等的缺陷。

### （2）移动学习自由化

随着Web 3.0相关技术在教育领域的深化应用，移动学习（Mobile Learning）将成为远程教育的重要发展方向。在远程教育模式下，承载海量知识信息的技术支持服务平台是构建数字化教育体系的基础，同时也为学生的移动化、自由化学习提供了条件。学生可以利用手机、平板等移动设备从平台上获取各类感兴趣的学习资源，随时随地学习，自由安排学习进度，突破传统授课模式在场所、时间上的局限。

同时，平台能够根据学生的学习情况数据（例如在线测试成绩、课程学习时长等），为学生匹配难度合适的课程。目前，有欧洲国家正在积极开展这一方面的实践，搭建了"MOBILearn行动""From E-learning to M-learning"等项目框架，将其引入学校并取得了一定的成果。

### （3）信息联合社会化

Web 3.0时代的互联网实际上是一个容量接近无限的知识信息库，在这一信息库的支撑下，线上教育的课程、教育目的、教育方法、受教育对象等范畴都得以扩展与延伸，高质量的知识内容除了来自高等院校、书本，还可以来自相关专业机构、同好者社群、业界专家等。现阶段，一些知名高校已经建立起大型开放式网络课程平台（Massive Open Online Courses，MOOC），大量知识信息的高度聚合有利于知识内容的系统性传播。

### （4）学习过程个性化

Web 3.0的网络具有覆盖范围广、兼容性强、容量大等特点，这为远程教育提供了广阔的发展空间。学生可以基于平台创造个性化的网络学习数字王国，根据自身的学习需求，整合、收藏相关知识内容，并按知识体系自主学习，同时还能够加入学习社群，与同学、老师交流互动，分享学习成果。在Web 3.0时代，教育成本将大大降低，优质教学资源的共享，有利于促进教育公平，并更好地实现终身学习的教育目标。

## 2.2.2　Web 3.0驱动远程教育变革

远程教育，也称网络教育，指的是依赖互联网等传播媒介的一种教育模式。随着现代信息技术的发展，远程教育也实现了多方面的突破，能够更有效地发挥教育资源的优势。但远程教育仍然具有比较强的局限性，难以达到理想的教育质量。与以往的网络媒介相比，Web 3.0融合了多种新技术，有助于驱动远程教育变革。

基于Web 3.0的远程教育具有更强的个性化、智能化，也更有利于教育资源的共享，因此其在我国远程教育领域的应用前景十分广阔。

### （1）实现远程教育的标准化

目前，在远程教育领域，我国并未实现标准化。不仅各个远程教育平台和机构的教育资源格式不同，难以进行统一的整合，国家层面也并未出台与远程教育关联的文档标准、技术标准等。云计算、大数据、物联网等技术的应用，使得Web 3.0应用于远程教育系统后可以实现远程教育的标准化。

一直以来，由于经济发展不平衡等方面的原因，我国西部地区的教育资源相对落后，基于Web 3.0的远程教育系统可以整合不同地区教育领域的软、硬件资源并统筹规划和安排使用，从而使得我国的远程教育既具备强大的教育服务能力，又能够在一定程度上避免资源重复建设。

### （2）实现高效资源共享

社群化服务技术、移动互联网技术、大数据技术、云计算技术等的支持，使得Web 3.0应用于远程教育后能够极大提升教育资源的共享程度。通过对用户的交际人群数据进行分析，Web 3.0系统能够获得包括用户的资源偏好等信息的用户画像，并据此调整应用的使用频率。

Web 2.0的技术基础决定了其只能够进行单向的信息分享，而Web 3.0能够实现不同平台信息的实时同步。因此，在Web 3.0驱动的远程教育模式中，不同的远程教育平台之间可以进行信息交流和资源共享。因此，远程教育的用户可以将拥有的信息数据应用于不同的平台；当用户在不同的平台进行获取资源、收藏内容、评论信息等操作时，相关内容可以自动整合供用户观看或教师参考。

### （3）提升远程教育的智能化和个性化程度

以 Web 2.0 为基础的远程教育模式基本如下所示：首先，能够提供教育资源的个体或机构将教育资源上传至平台；其次，有相关需求的学习者登录平台获取资源。这种单向的信息分享既无法充分发挥教育者的主导地位，也难以根据学习者的情况因材施教或进行指导，因此，整体而言，远程教育的教育质量并不理想。

而以 Web 3.0 为基础的远程教育系统具有以下优势：利用大数据、云计算、人工智能等技术分析用户的学习需求、学习习惯等信息，并基于分析结果为用户提供定制化的学习方案和教育资源；利用社群化服务技术等能够为用户推荐关联社群，并整合用户在不同社群中的评论、心得、作业等为教育者的因材施教提供参考。

通过对以 Web 2.0 为基础的远程教育模式和以 Web 3.0 为基础的远程教育系统的对比不难看出，以 Web 3.0 为基础的远程教育可以极大提升远程教育的个性化和智能化程度。在基于 Web 3.0 的远程教育系统中，学习者可以根据自己的学习需求、兴趣爱好、时间安排、学习习惯等有针对性地获取学习资源、安排学习进度；远程教育平台或应用也能够根据汇总的学习者信息为其智能化推送相关内容，并给出合适的学习方案和学习建议。

可以说，Web 3.0 绝不仅仅是技术层面的革新，而是为了能够给用户提供更为个性化、定制化的互联网信息资讯而进行的技术整合。而且，与以往的互联网技术相比，Web 3.0 体现了技术创新到用户理念创新的跃迁。以 Web 3.0 为基础的远程教育能够为用户提供更为标准化、智能化、个性化的教育，满足用户无处不在的学习需求。

## 2.2.3　基于Web 3.0的学习者能力培养

基于 Web 3.0 的远程教育模式对于教育领域的变革不仅体现在对于教育资源的整合和利用方面，更体现在对于学习者能力的培养方面。这种以用户为中心、致力于满足用户无处不在的学习需求的教育模式有利于培养学习者的自主学习能力、团队学习能力和创新学习能力。

### （1）自主学习能力

数字化的远程教育要求学生具备较强的自主学习能力，这样才能达到较好的学习效果。在传统的课堂授课模式下，大多数学生处于被动接受的学习状态，学生通过听讲、做课堂笔记、完成老师布置的学习任务等方式来强化对知识内容的记忆和理解；而在数字化远程教学场景中，学生是学习过程的主导者，通过独立思考、主动分析与实践探索获得知识，且学习不会受到教学环境和时间等因素的限制，因此制定并严格遵守学习计划是实现学习目标的基础。

此外，基于平台上丰富的学习资源，学生需要具备自主选择、自主判断信息的能力，而不能完全依赖老师和教材。在Web 3.0环境中各种虚拟工具的应用赋予了远程教育更多的趣味性，但同时学生也应该有意识地培养一种积极提出问题、并通过自主探究解决问题的精神，以促进学习目标实现。

### （2）团队学习能力

团队学习的主要特征表现在两个方面：

a.团队目标的统一性，即受教育者的个人目标与团队目标相统一，在远程教育领域则表现为学习目标的统一，这是团队学习的基础。

b.知识共享，即在学习过程中通过成员间的交流互动、互通有无，实现知识内容的传递，从而使参与者获得较为全面的知识，深化对知识的理解。

由此，在Web 3.0的数字化远程教育场景中，学习者需要具备一定的团队精神和协作能力，通过积极与他人沟通、合作并共同解决问题来提升学习效率，加强对知识内容的记忆和理解。

### （3）创新学习能力

创新能力是一种在现有理论、技术、经验或实践活动等的基础上提供具有价值的新思想、新理论、新技术、新方法的能力。基于 Web 3.0 的数字化远程教育提供了广阔的学习空间，学习者们可以自由发挥主动性，探索适应自身学习需求和知识体系的学习方法。同时，教师、助教等教学管理人员的辅助作用得以充分体现，可以更好地引导、督促学生学习，创新教学方法和考核、评价方法。

创新学习能力是在学习者积累了一定的知识经验的基础上形成的，它不仅体现了学习者的思维能力，也是学习者的意志、品格、情感等的综合体现。

## 2.2.4　浙江大学：基于Web 3.0的教育实践

随着移动通信技术等的进步，手机、平板电脑等智能终端已经成为人们不可或缺的工具，这为教育领域发展"移动学习"模式提供了条件。在移动学习模式下，学生可以随时随地利用移动终端完成各项学习任务，例如查阅资料、浏览课件、观看课程、交流讨论等。近几年，国内部分高校正着手开展"移动学习"模式的探索与实践，以下就以浙江大学远程教育学院为案例进行探讨。

浙江大学作为教育部直属的综合性全国重点大学，有着强大的师资队伍、丰富的教学资源和先进的教学设备，培养了大批优秀人才。浙江大学远程教育学院是我国首批开展现代远程教育的试点院校之一，学院建立了涵盖互联网、卫星网、数字宽带网等多网集成的分布式远程教育综合平台，构建了一套基于现代网络技术的以学生为本的现代远程教育人才培养体系。

2012年，浙江大学远程教育学院根据远程教育的动态需求，开发出了适用于Android客户端、iOS客户端的移动学习平台，功能包括课程视频在线观看与离线播放学习、课件下载、学院通知下发、课程计划查询、在修或已修课程导学、已修课程成绩查询等，课程覆盖计算机、电子商务、英语、汉语言文学、法学、工商管理、会计学、护理学等专业，能够满足远程学习者的大部分使用需求，用户（学员）通过手机或平板设备就可以获取大量优质的学习资源。

浙江大学远程教育学院的范例为我国远程教育发展提供了宝贵经验，展望Web 3.0时代的数字化远程教育，可以从以下几个方面进行创新。

### （1）以学生为中心，定制个性化学习内容

在Web 3.0时代的数字化远程教育场景中，知识信息来源将更为丰富，对知识的查找、拓展也更为快捷，学生在线上学习时不能再遵循传统授课模式中以统一教材为导向的知识体系框架，而是要根据自身的学习方向和需求，从海量的学习资源中提取有用信息，构建自己的知识框架。

因此，如何甄别、选取与自身学习需求匹配的知识信息，是未来的远程学习者将会面临的问题。学生从知识库中选取自己感兴趣的内容，有助于提升自主学习积极性，而全面、高质量的知识信息，可以发挥私人顾问的作用，辅助学习者构建个性化的学习门户，并通过知识积累和深化理解，实现在相关领域内的创新突破。

### （2）构建虚拟社区实时交互常态化模块

线上学习平台不仅支持个性化知识体系的构建，还可以打通平台与社交媒体的隔离，推动组建虚拟学习社群，促进知识的交流与分享。

在互动平台上，学生可以通过标签、评论等公开信息寻找同好、建立群组，从而促进学习资源汇集与共享。另外，互动提问系统也是互动平台的重要组成部分，该系统主要由教学管理人员、辅导教师或资深学习者管理，旨在调动学生的学习积极性，并对社群的主要学习目标进行适当引导。

### （3）重视师生交流，加强学习支持服务

现阶段远程教育的平台基础虽然已经基本建立，但学生在学习过程中与教师的互动性有限，相关问题无法得到及时解决；另外，主讲教师可能由于偏重现实场景中的教学、科研工作，对远程教学工作的关注度不足。由此，可以调动辅导教师、助教等人员参与到对学生的指导工作中，或在社群中对相关问题做出解答。同时，可以通过分析学生上课情况、作业完成情况或测试情况等方面的数据，归纳、细分不同的学生群体，采取不同的教育策略，从而实现因材施教。

# 2.3　学习变革：Web 3.0构建新型师生关系

## 2.3.1　智能时代的师生关系变革

2020年，受新型冠状病毒感染疫情的影响，我国政府制定并积极落实各项疫情防控政策。在教育领域，各中小学校响应教育部提出的"停课不停学"的要求，通过线上授课开展教学活动。以此为契机，以互联网科技巨头主导研发的各类网络授课平台纷纷涌现，为授课方式的转变打下了基础。

推广线上授课的最初阶段，由于许多老师首次接触这种授课模式，教学效果可能不尽如人意。如果说传统课堂教学对应的是Web 1.0时代，那么线上课堂的初级阶段就对应Web 2.0时代。随着教育水平的提高，线上课堂将向着Web 3.0时代发展进入高级阶段，从而与学生的学习诉求相匹配。

虚拟交互等技术的发展为在线教育提供了重要支撑。与传统的线下课堂相比，智能化、信息化的线上教学环境更为平等、开放，每个学生都可以充分享受到各类优质教学资源，通过协作探究学习等多种途径，促进与同学、老师的互动交流，提高自主学习能力、创造能力和迁移知识解决问题的能力，加快正确认知的构建。线上课堂作为一种教学工具或手段，无法自主改变当前教育生态，还需要教师的正确引导，才能真正实现其价值。在Web 3.0强大的交互环境中，教师需要提升信息素养，学会使用相关信息技术工具，并更新教学观念，改变传统的以教师为中心的讲授方式，以丰富多样的教学场景激发学生的学习热情。

线上教学作为一种依托于互联网信息技术的教学方式，将学校教育的实施场景从现实物理空间扩展到互联网虚拟空间，在发展过程中逐渐形成了一套相对成熟的架构体系，但也存在一定的弊端。例如，学生在虚拟场景中的听讲状态可能与现实情况不一致，学生的课堂行为难以被有效约束，预期的教学效果无法达成；另外，如何持续调动学生的学习积极主动性也是线上教学的难点之一。教育的目标不仅仅在于提升学生的课堂学习能力，还在于培养学生的终身学习能力，这也是线上教学的核心任务。

Web 3.0时代，教师与学生的联系将越来越紧密，二者间互动性增强是未来在线教育发展的必然趋势。而互动关系也慢慢影响着学习者的学习效果，营造良好的互动氛围是提升学生学习积极性的方法之一，因此教师可以充分利用虚拟空间中的信息技术手段，辅助处理、升级师生互动关系。

在本章内容中，我们对Web 1.0、Web 2.0和Web 3.0教育模式中的师生互动关系（如图2-5所示）进行分析，有助于教育者深化理解学习方式、学习内容和学习目标的转化，随着信息技术的发展，三者在继承发展的同时也相互融合，而育人理念、教学目标的变革，不仅与新的教学技术相适应，还保证了在线教育沿着正确的方向发展。

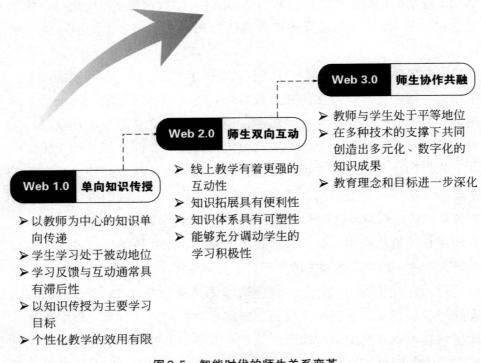

图2-5　智能时代的师生关系变革

## 2.3.2　Web 1.0：单向知识传授

在计算机和互联网普及之前，纸媒是教师授课所依赖的重要内容载体，包括课程教材、教师的讲义、学生的笔记和作业等。这一载体能够承载的知识内容是有限的，且多以文字或静态图片的方式记录，而且基于学生的阅读理解能力，老师进一步拓展知识的空间非常有限。

而计算机的使用，突破了纸媒的局限，教师在授课时可以采用多媒体演示文稿、电子文档等工具呈现课程内容，丰富讲义形式，大幅提升讲义容量，这解决了教师在进行知识拓展、情景展现等方面的困难，学生也可以针对重难点内容反复阅读与学习。这就是 Web 1.0 时代"在线"授课的基本特征，该模式在个性化教学方面已经有了一定的进步，但还存在以下问题：

● 虽然丰富了知识呈现方式，但没有突破传统教学模式中知识单向传递、学生被动接受的状态，在传统课堂和视频直播课程等授课模式中，师生关系都呈现出 Web 1.0 时代下的垂直结构；

● 以教师为中心的纯知识呈现，可能引起视觉疲劳、注意力分散等问题，这不利于学生深入理解和记忆知识，有可能降低学生的学习成效和学习积极性；

● 静态的知识呈现方式比较考验教师的课堂把控能力，只有教师以知识内容为中心与学生积极互动，才能使学生的思维能力、自主解决问题的能力得到提升。

Web 1.0 模式的最大特点是知识网络化，知识搬运、知识迁移较为便捷、高效。这一时期，Moodle、THEOL 等网络教学综合平台兴起，并基于教学需求构建了第一代学习管理系统（Learning Management System，简称 LMS）。LMS 为线上化的课程、教学管理提供了重要支撑，具备教学资源共享、课程发布、在线讨论与沟通、学习记录与汇总等功能，进一步丰富了授课方式、知识信息传递的方式，为 Web 2.0 时代的教育方法提供了基础范式。

总之，Web 1.0 时代的教学方式有以下特点：以教师为中心的知识单向传递，学生学习处于被动地位，学习反馈与互动通常具有滞后性，以知识传授为主要学习目标，个性化教学的效用有限。就学生的学习体验来说，容易缺乏积极、主动的学习意识，难以享受到获取知识的乐趣。

### 2.3.3　Web 2.0：师生双向互动

Web 2.0的概念提出于2005年左右，进入21世纪后，随着互联网信息技术和互联网产业的蓬勃发展，互联网逐渐大范围普及，MOOC逐渐兴起，例如萨尔曼·可汗（Salman Khan）创立的教育性非营利组织可汗学院（Khan Academy）、麻省理工学院创办的开放式课程平台OCW（Open Course Ware）和网易创办的公开课平台"网易公开课"等，是这一时期线上教育的典型代表。2011年，斯坦福大学的线上免费课程《人工智能导论》吸引了来自190多个国家的16万人的关注。Web 2.0时代的互联网技术为学习者随时随地获取高质量学习资源提供了方便，并使互动交流和知识传递变得更为便捷，有力推动了在线教育教学模式的转变。

Web 2.0时代的线上课程不再是单纯地把传统授课模式转移到线上，而是在拆解教学过程的基础上重新定义各环节和各组成要素的功能，师生间的双向互动交流更为频繁、活跃，教师在教学过程中不再全面掌控课堂节奏，而是居于辅助地位引导学生学习教学内容，让学生通过自主探究实践来理解知识点，使学校教育重心从"教师的教"向"学生的学"转移。

在Web 2.0环境下，知识内容的丰富度和可扩展性大大提升。在Web 1.0网络中，相关知识内容以文字作为载体静态呈现，查找资料信息往往需要耗费一定的时间和精力，这限制了课堂知识进一步拓展；而在Web 2.0网络中超文本的信息载体形式为知识内容查阅提供了便利，学生不仅可以快捷地获取课外知识，还可以根据自己的理解构建知识网络架构。这充分体现了网络文本的优势，并有利于形成以学生为中心的学习方式，提升其自主学习能力。

总之，Web 2.0时代的线上教学有着更强的互动性，知识拓展的便利性和知识体系的可塑性有利于充分调动学生的学习积极性，并辅助提升学生的自主学习能力，从而达到对知识的深度理解、记忆与灵活运用的目标。

## 2.3.4　Web 3.0：师生协作共融

信息技术的发展为Web 3.0时代的教育模式转型提供了重要支撑。基于Web 3.0，未来的学校将不再是相互独立的教学单位，而是一个相互联结的有机共同体。在这一学习共同体中，学生和教师是平等的，教师不再是课堂教学的领导中心，而是作为学习小组的一员参与讨论与探究，在与学生合作的基础上辅助、引导学生理解知识、寻找问题的答案；从学生角度来说，学生通过小组学习的形式共同探讨、分享知识，在解决问题的过程中深化对相关知识的理解，学习可以从问题探究入手，也可以拟定某一项目进行专题学习。

在Web 3.0时代，培养具有创新能力的人才是教育的重要目标。创新型人才通常具有自主思考能力强、对事物或观点接受能力强、坚持不懈等特质，当面临困难时，能够突破领域或专业的局限，从不同角度提出解决方法，并借助各类外部资源推进解决方案落实。因此，跨学科的综合教育环境是培养创新型人才的重要条件，也是未来教育的重要内容。在这种跨学科的综合教育模式下，教师的组织形式将更加多元化，团队教学能够很好地适应学生共同协作探究、解决问题的指导需求。

未来教育理念的实现，离不开Web 3.0下各类数字化、信息化技术的支持，比如区块链、人工智能、图像识别、虚拟现实等。依托各项技术可以构建满足特定教学需求的网络虚拟空间，通过对视觉、听觉、触觉等感知的模拟和场景搭建，可以为学生带来沉浸式的、身临其境的学习体验。同时，学生可以灵活运用可视化的地图、图表等工具来提升学习效率，跨时空地分享、交流知识，共同协作探究问题的解决方法。Web 3.0时代的线上教学是基于数字化技术并整合了学习方式、学习空间和学习内容的现代教学模式。

随着教育领域内数字化技术的发展，可用的教学工具不断增多，教学方法也随之改进，而各种智能工具和技术的应用，也会影响学习者的思维习惯和认知方式。Web 3.0非线性、超链接的多模态内容呈现方式和对感知信息的模拟，促使学习者的思维模式从静态垂直逻辑分析向多感官系统化的综合分析转变。教育目标不再仅限于知识传承，重点在于培养学习者应用现有知识和工具解决问题的能力。而多样化的交互形式和身临其境的感官体验，有利于调动学习者的积极主动性，鼓励学习者对复杂问题进行深入探索。Web 3.0时代在线课程的教学设计可以实现以"教"为导向到以"学"为导向的转变，教师在这一过程中主要扮演协作者的角色，老师与学生的身份界限更加弱化，二者间的相互联系更为紧密，这有利于培养学生终身学习的能力。

我们可以总结出 Web 3.0时代在线教育的特点主要有：一是教师与学生处于平等地位，共同合作、互助学习；二是教师与学生在多种技术的支撑下共同创造出多元化、数字化的知识成果；三是教育理念和目标的深化，不仅要求学习者了解知识，还要学会应用知识，并在应用、实践的基础上进一步创新突破。

# 2.4　实施策略：基于Web 3.0的在线教育路径

## 2.4.1　平台：选择高效的学习平台

Web 3.0时代，伴随着新技术在教育领域的应用，在线课程的转型要贯穿的内在要求主要有：教育理念进一步转变，更加重视学生的参与，教学以学生为中心，注重培养学生对知识的实际应用能力和创新能力；以教学设施、技术的升级促进教学思路转变，灵活运用各类媒体技术、虚拟技术和信息技术等，开展在线协作学习或虚拟情景教学；明确现实情景教学与虚拟情景教学的差异和联系，根据教学需求实施合理的教学策略和教学方法。

在线课程教学不仅能够满足疫情防控等特殊时期的教学需求，从长远来看，也是推动教育变革、促进先进教育理念落地实施的重要途径。由此，在线课程的实施者应该以培养创新型人才为教育目标导向，基于学生的认知能力，充分利用 Web 3.0 环境中的各类技术与教学资源开展教学活动。

近年来，在线课程在教育领域全面铺开。众多互联网科技企业推出了多样化的在线课程平台，主要有以下几类：一是基于社交媒体的虚拟学习平台，例如腾讯课堂、钉钉在线课堂、Classin 在线教室、抖音课堂、UMU 互助学习平台等；二是能够提供线上考试、在线批改作业等交互功能的学习辅助平台，例如问卷星、QQ 群课堂等。

为了满足 Web 3.0 环境下新的教学要求并促进课堂交互方式的转变，教学实施者需要秉持开放、平等、互动的教学理念，促进先进技术与在线课程功能的整合，充分发挥文档共享、课程计划管理、课程直播、在线测试、在线问答、考勤记录等功能优势，完善教学管理。从在线课程平台开发的角度来说，需要注意以下几个关键点，如图 2-6 所示。

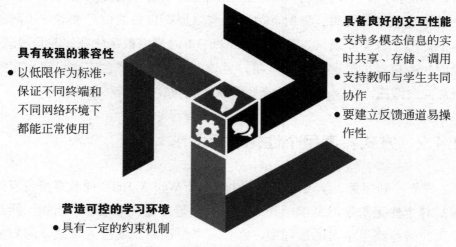

**具有较强的兼容性**
- 以低限作为标准，保证不同终端和不同网络环境下都能正常使用

**具备良好的交互性能**
- 支持多模态信息的实时共享、存储、调用
- 支持教师与学生共同协作
- 要建立反馈通道易操作性

**营造可控的学习环境**
- 具有一定的约束机制

图 2-6　在线课程平台开发的关键点

① 平台要具备良好的交互性能

例如支持多模态信息的实时共享、存储、调用，支持教师与学生共同协作完成题目解答和项目任务等。同时，要建立反馈通道，及时解决师生交互过程中平台存在的问题，以促进交流效能提升。易操作性也是影响师生交互效能的重要因素，老师和学生如果能够快速熟悉平台功能和

操作方法，就会减少许多因交互带来的麻烦，从而提升学生的课堂参与积极度。

② 平台要营造可控的学习环境

平台应当通过一定的约束机制，避免无关、不良的信息干扰课堂学习活动。例如具有社交媒体模块的在线课堂平台，在上课时自动屏蔽消息提示、关闭咨询推送等，减少可能分散学生注意力的因素。

③ 平台系统要有较强的兼容性

在平台开发过程中，要考虑到不同学生家庭中软硬件设施的性能问题，例如带宽、内存、稳定性等，尽量以低线作为标准，保证线上课程平台系统在不同型号的手机、平板或电脑等终端和不同的网络环境下都能正常使用。

总体来看，现阶段的线上课程平台还有较大的改进空间，单一的交流工具难以满足多样化的课堂互动需求，日常教学中涉及的知识理论讲解、课堂问题探究、学习资料共享、作业提交与在线审阅等活动，都需要相关数字化技术的支撑。同时，教师也需要提高自身的信息素养，了解基本的课程平台操作规则，从而适应 Web 3.0 时代中数字化在线教育模式，及时转变自身的教课方法与策略。另外，线上课程平台应该设定一定的故障应急措施，以应对网络中断、课堂受到黑客攻击等突发情况。

## 2.4.2 方式：满足个性化学习需求

对于不同年龄、学习水平的学生，基于 Web 3.0 的在线教育平台应该满足其个性化的学习需求，并给予不同参与方支持与配合。比如，低龄学生在进行线上学习的过程中，家长可以扮演系统支持人员或学习效能监督人员的角色。因此，家长需要对学习平台的运行机制有一定的了解，并且熟悉平台的基础功能或常用功能（例如课程回看、课后测试等），以充分发挥平台优势，最终达到较好的学习效果。

为了满足个性化的学习需求，在线教育平台可以根据课程内容设计课堂学习任务单，根据任务单推进知识解读、问题探究、实验测量等交互活动，并完善各环节的细节设计。同时，对课程活动中未能解决的问题、新产生的问题要及时记录，以便课堂参与者共同探讨解决。当课程结束后，学生可以根据任务单回顾课程内容，从而实现知识内容的复习与巩固。

此外，学习平台要自动记录学生的课堂表现数据（例如互动参与度、问题回答次数等）和测试数据，并结合算法模型对学生的学习情况进行评估，教师则根据评估信息制定适合不同学生的教学策略，并针对落后的、学习方面存在困难的学生给予必要的支持。同时，学生可以通过一定的互动渠道反馈问题，以便教师及时给予帮助。

在 Web 3.0 的网络环境中，虚拟感知技术、多感官智能化技术的应用可以驱动教学方法创新。其中，主张调动眼、耳、鼻、舌、口等感觉器官和整个身体、并将情感投入到学习过程中的多感官教学法（Multisensory Teaching Approach）将得到进一步发展，以满足不同学生的学习需求。有研究表明，学习者接受知识的"偏向"存在差异，例如有的学生善于通过视觉观察获取知识信息，有的学生则善于通过"听"来记忆知识信息，有的学生则善于在"动手"实践的过程中掌握知识经验……由此，教师需要具备虚拟教学场景多技术整合的能力，将各类感知信息融入课堂教学设计中，辅助学生强化对知识的记忆和理解。

在线教育有着广阔的发展空间，可以灵活组织课堂或学习小组，充分利用全媒体资源和技术资源，开发出丰富多样的教学模式。同时搭配高效的辅助系统，例如高质量的课件、教材和智能化实验工具、线上测验工具等，提升学生自主探究、自主学习的能力。

## 2.4.3　内容：注重学生的思维培养

目前，虚拟感知技术的研究在听觉、视觉和部分触觉（如按压、触摸）方面已经取得了初步成果，并在互联网上逐渐普及应用，随着技术发展，有望进一步实现嗅觉、味觉方面的感知传输，而在更远的将来最终实现 Web 3.0 虚拟空间中的全感官感知。在虚拟空间中，知识信息的载体不再是静态的书本、文字或图片，传播方式也不仅限于阅读、讲述等，而是通过多媒体、多模态、多感官的知识表达方式来传播信息，各种数字化工具都能够成为知识信息的载体，这为学习者获取知识经验提供了有力支撑。

图像、音频、视频等形式丰富的多感官资料能够辅助学习者加深理解和记忆，具备较强的视听觉思维能力是学生取得良好学习成果的基础。高质量的音视频学习资料（例如科研过程、实验观测与演示、地理环境情景展示等）有利于通过感官刺激激发学生的学习兴趣，加强学生对相关知识的记忆和理解；课后作业的形式不必再拘泥于文本，学生可以以音视频形式提交作业；同时，课堂中在线语音、视频的交流互动方式有利于提升师生、同学间的沟通效率，促进共同协作。学生在协作进行资料收集、实验设计、数据分析的过程中，自主分析、解决问题的能力也会进一步提升；教师则主要扮演辅助者和促进者的角色，引导学生在正确方向上解决问题。

与传统教育相比，Web 3.0时代的在线课程的显著优势在于能够引入新的虚拟化多感官科学研究范式和教学模式。利用增强现实、虚拟现实、AIGC等技术，可以构建各式各样的虚拟三维场景，辅助开展教学活动。例如，通过构建虚拟的火星环境，激发学生对火星探索车项目的探讨；通过还原某自然保护区情景，促进学生对生物多样性、自然地理环境变化的理解。在这个过程中，教师需要引导学生在虚拟场景中发散思维、提出问题，通过头脑风暴、数据举证等方式解决问题。该模式可以更好地提升学生的学习积极性，训练学生的思维能力。

在虚拟空间的构建方面，网络游戏"第二人生"（Second Life）等，都可以为教育领域的虚拟场景构建提供有益参考。能够提供沉浸式体验的虚拟在线课堂模式，有利于提升学生对知识迁移应用的能力和STEM（Science，科学；Technology，技术；Engineering，工程；Mathematics，数学）素养，并培养与智能化社会相适应的思维方式。国内的在线教育产业可以以此作为发展方向。

就教育者而言，也需要提升自身信息素养，转变教学思路和思维方式，改变原先依赖于文字的、被动的、静态的学习方式，推动Web 3.0网络环境下更为生动、灵活的动态教学模式的发展。新的教学模式可以是：视频（视觉感知）与动手实验结合，例如先让学生观看视频了解基础知识、实验步骤等信息，然后辅助学生围绕实验主题进行实验，并观察记录实验数据，共同分析探讨实验现象和结论等，这一方法可以将书本中的知识更为直观地展示出来，有利于充分调动学生的学习主动性和积极性，培养学生的自主探究能力。而在线教育实施者综合技术能力提高和教育理念的转变，可以有力推动教学内容、教学空间和教学方式的体系化变革。

## 2.4.4　基于Web 3.0的在线教育发展趋势

创新型人才是信息时代持续发展的重要支撑，培养创新型人才是未来教育转型的重要方向，在基础教育阶段有意识地培养学生的创造能力可以为高等教育阶段创新型人才的成长打下坚实基础。在 Web 3.0 网络环境下，数字化、线上化的教学方式使人才培养的时空进一步延展，为学生提供了充分发挥创造力、想象力的空间。数字化在线教育的推广，有助于扩大高等教育的服务范围，并挖掘出更多富有创造力的人才。

在未来由 Web 3.0 赋能的教学模式中，物理空间将与虚拟空间深度融合，物理空间中的学习者个人可以在沉浸式、多感官的虚拟空间中与其他人共同协作学习，积极参与网络学习小组、社群等群体的知识交流与互动，在教师的辅助下，解决真实任务情景中的问题。物理空间与虚拟空间相结合的混合式学习模式，有利于问题探究、项目研究活动的开展，鼓励学生通过交流互动进一步理解知识、灵活应用知识，在这一过程中共同合作解决问题。

在未来的教育模式中，教师更多作为学生的合作者、陪伴者，因此，有着灵活、开放、易相处等特质的教师更有可能受到学习者的欢迎，从而调动学习者的积极性，使合作学习任务顺利推进。另外，学生在进行自主学习、参与团队学习的过程中，应关注自我量化数据，通过与教师、同学的沟通了解自身的不足之处，寻找适合自己的学习方式和擅长的领域，促进有益于个人长远发展的关键能力和品质的培养。

在教育活动中，有明确的教育目标才能使教育者把握住正确的教育方向，并根据目标选择学习内容、学习方式和学习空间；而学生的学习积极主动性是促使学习目标实现的重要驱动力。在传统教学方式、教学理念的变革过程中,教师应该紧跟信息时代的趋势,了解并学会应用相关数字化技术,进而有效组织在线教学活动并确保其顺利开展。

基于 Web 3.0 时代的教育理念,多感官、全媒体的知识信息动态呈现方式,能够促进灵活生动的、丰富多元的学习环境构建,例如通过游戏化的学习环境,不仅可以增强学习的趣味性,还可以充分调动学生的积极性,鼓励学生打开思路,通过互动合作共同完成学习任务。而实现虚拟教学模式变革,是以强大的技术、人才和相关设施支持为基础的;同时,从学习社群管理者到一线教师等教育活动参与者,都需要更新教育理念,促进从教育技术到教育理念的系统化变革。

在现代化教育理念的引导下,未来的学校将呈现出"实体校园+在线课堂"的混合式组织形式,富媒体、全感知、虚拟化的知识呈现形式有利于拓展教育空间,系统化、专业化的教育资源不再局限于校园,丰富多样的在线教育有利于推动实现教育公平,更好地服务于社会教育与人才培养。

第 **3** 章

# AIGC+智慧教育

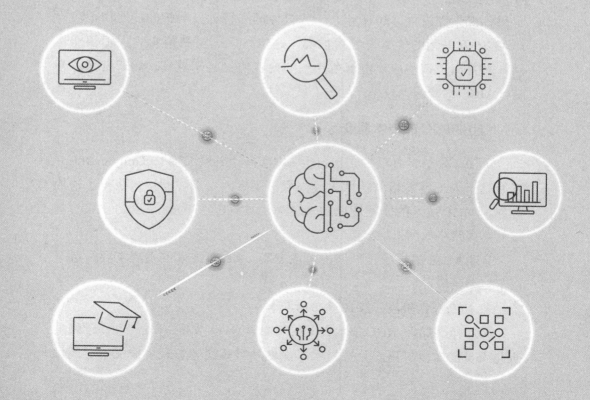

# 3.1 AIGC：席卷全球的内容生产革命

## 3.1.1 AIGC的技术演变与发展现状

1950年，"计算机科学之父"与"人工智能之父"艾伦·麦席森·图灵（Alan Mathison Turing）发布论文 *Computing Machinery and Intelligence*（计算机器与智能），并在其中提出"图灵测试（The Turing test）"，这一测试也即当时用于判定计算机是否具有人类智能的方法。

人工智能作为一门独立的学科，研究领域包括专家系统、自然语言处理、图像识别、语言识别以及机器人等。随着算法的增强、算力的提升以及数据的积累，人工智能技术也正逐步增强，其相关应用不仅可以模拟人类的思维与用户进行互动，还可以根据要求自动生成文字、图像、音频、视频等内容。2016年，一幅肖像画在纽约曼哈顿的佳士得拍卖行以43.25万美元的价格被成功拍卖，这也是第一幅被拍卖的人工智能作品。随着人工智能应用能够生产出的内容质量越来越高、形式越来越丰富，AIGC的概念也被越来越多人所关注。

### （1）AIGC的技术演变

2010年左右，谷歌的人工智能研究团队"谷歌大脑"（Google Brain）开始基于人工智能相关技术生成内容。此后，人工智能技术获得了快速发展，AIGC技术的成熟度也越来越高，并被应用于多个领域。AIGC的技术发展路径如图3-1所示。

梳理AIGC的技术发展路径可以发现，AIGC技术的发展主要经历了以下三个阶段：

① 初期探索阶段（2010—2014年）

2010年开始，AIGC技术进入初期探索阶段。谷歌等人工智能领域的研究人员借助自然语言处理技术、深度学习算法等尝试生成文本、图像

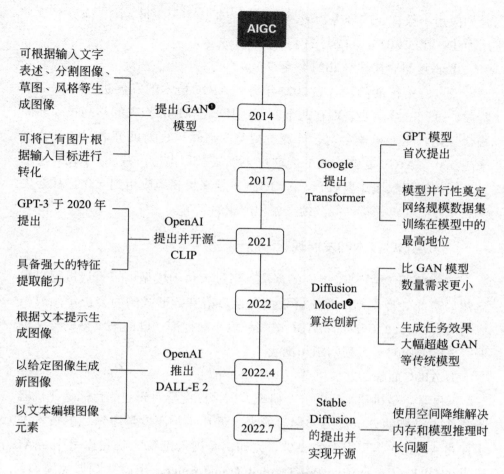

**图 3-1　AIGC 的技术发展路径**

等内容。由于相关技术和算法不够成熟，这个阶段的探索和尝试主要是在实验室中进行的。

② 应用拓展阶段（2014—2021 年）

经过前期的探索，自 2014 年开始，AIGC 的相关技术已经取得了一定的进步，关于算法的研究也不断成熟。因此，AIGC 开始走出实验室，应用于越来越多的场景中，并展现出不错的应用前景。在这个阶段，AIGC 不仅能够使生成的文字、图像、音频等内容的质量越来越高，而且已经

---

❶ GAN：Generative Adversarial Network，生成式对抗网络。

❷ Diffusion Model：扩散模型。

开始应用于教育、广告等领域。在这样的背景下，一批AIGC相关企业应运而生，比如2015年12月11日OpenAI成立。

③ 深度融合阶段（2021年至今）

经过应用拓展阶段，自2021年开始AIGC技术的发展进入深度融合阶段。这种融合主要表现在两个方面：其一，AIGC相关的不同技术加深融合应用，比如机器学习、计算机视觉、自然语言处理等之间的融合越来越深入，AIGC能够生成的内容也更加复杂和高级；其二，AIGC技术与不同的应用领域深度融合，AIGC技术越来越多地应用到文化、社会生活的方方面面，并带动经济的发展和产业的变革。

### （2）AIGC技术的发展现状

AIGC应用需要基于相应的算法、通过大量的模型训练，让机器习得自然语言的处理规则，并能够根据文字、语音等形式的内容提示生成相应的内容。2022年开始，AIGC的关注度不断提高，既面临难得的发展机遇，也需要应对一系列问题和挑战。

① AIGC面临的发展机遇

深度学习是机器学习的一个研究方向，深度学习研究的目标是让机器具备像人一样的分析能力和学习能力。近几年，深度学习领域的技术进步使得AIGC取得了重大的突破。比如，美国人工智能研究公司OpenAI研发的GPT（Generative Pre-Trained Transformer，生成式预训练模型）就是一种深度学习模型，而以GPT为基础的ChatGPT（Chat Generative Pre-trained Transformer）不仅能够像人类一样聊天交流，还可以完成写论文、翻译文档、撰写邮件等工作。

随着AIGC技术的发展，其应用的范围也不断扩大。比如，在智能客服领域，AIGC可以精准分析用户的需求并自动生成回答；在在线教育领域，AIGC可以根据学习者的学习进度生成定制化的测试问题；在数字媒体领域，AIGC可以整合事件相关信息并输出相应的报道或评论；在电子商务领域，AIGC可以根据客户的需求、消费者的偏好、商品的信息等生成商品文案。总之，AIGC技术的发展使得相关应用不仅可以应用于更多领域，而且能够有效提升企业运营效率并降低人工成本。

② AICG 面临的问题与挑战

作为一项新兴技术，AIGC 在发展的过程中必然会面临一些问题和挑战，主要集中在以下两个方面：其一，AIGC 生成的内容质量难以保证。虽然诸如 ChatGPT 等应用已经展现出强大的内容生成能力，但由于技术的发展程度、基于的学习模型的智能化程度等因素的影响，AIGC 生成的内容可能存在导向问题、质量不高等情况，仍然需要人工进行审核和修改。其二，AIGC 可能存在道德以及法律等方面的风险。由于 AIGC 的学习数据良莠不齐，因此可能会受到不良内容的影响而带来道德和伦理问题，而且 AIGC 可能带来的知识产权等法律问题也需要进一步探索解决。

随着 AIGC 相关技术的进步以及相关法律法规的进一步完善，AIGC 的应用前景依然十分广阔。而且，随着 AIGC 应用的成熟，其必定能够在诸多行业发挥出不容忽视的价值。

## 3.1.2　底层技术：AIGC 的三大驱动力

具体来说，AIGC 是一种生成式 AI，也是内容行业快速发展带来的一种与专业生产内容（Professional Generated Content，PGC）、用户生成内容（User Generated Content，UGC）类似的新型的内容生产方式，能够利用人工智能技术自动生成图像、文字、代码等内容，并将人工智能的应用进一步拓展到生成和决策层面，进而为人们的生活提供更多便利。

### （1）AIGC 的底层关键技术

2022 年是 AIGC 产业爆发式增长的一年，多款 AI 写作、AI 绘画应用相继发布，这与生成算法模型、预训练模型、多模态转化等人工智能领域的多项关键技术取得突破密切相关。

① 生成算法模型

生成式对抗网络（GAN）和扩散模型（Diffusion Model）都是 AI 作画领域常用的生成算法模型。其模型架构包含"生成器"（Generator）和"判别器"（Discriminator），生成器抓取、生成新数据后，判别器判断这些数据的"真伪"，最终输出尽可能"真"的样本。

在模型训练时存在样本缺乏多样性、模型没有正向发展反而"退化"的情况。扩散模型则是在原样本基础上结合马尔可夫链的作用引入噪声（即扩散过程），再逐步去噪还原参数（逆扩散过程）来输出新的图像。2022年的一项技术突破使扩散模型的训练效率大大提高，在图片生成上表现出了良好的性能。

② 预训练模型

模型训练上的分工降低了AIGC的准入门槛，一些规模较小但有技术的科技公司可以在预训练模型的基础上开发出多样化的AIGC产品。ChatGPT就是在预训练模型GPT-3的基础上改进而来的，其技术突破的关键点在于引入了RLHF（Reinforcement Learning with Human Feedback），这是一种基于人类反馈促进模型强化学习的机制，ChatGPT由此具备了基本符合人类预期的价值判断或思维模式，并能够在与用户交互的过程中输出高质量内容。

③ 多模态技术

多模态技术支持文字、图像、音视频等跨模态内容的转化，从而提高了内容生产能力，拓展了AIGC的可应用范围。从需求角度来说，各类文案、音频、视频等依赖于人类创造性的精神产品有广泛的需求市场，AIGC将成为未来内容创作的重要工具。

### （2）AIGC赋能内容生产革命

借助不同的人工智能技术，AIGC可以生成文本、图像、音视频等不同形式的内容。虽然生成的内容形式不同，但AIGC赋能内容生产的主要驱动力是一致的，具体如图3-2所示。

① 智能数字内容孪生能力

AIGC之所以能够赋能内容生产，除了可以进行内容数字化之外，还可以对相应的内容进行挖掘和分析，精准理解其中的含义，并智能化地完成数字内容孪生任务。AIGC的智能数字内容孪生能力主要基于智能转译和智能增强技术。

② 智能数字内容编辑能力

智能数字内容编辑即根据需要修改和控制相应的数字内容，从而实现

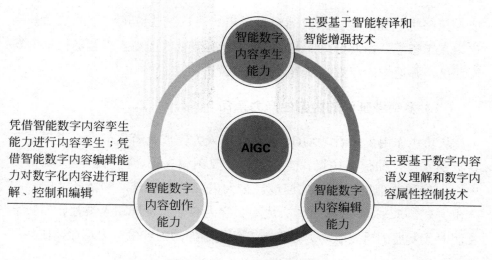

图 3-2　AIGC 的三大驱动力

虚拟数字世界与现实物理世界之间的交互。AIGC 的智能数字内容编辑能力主要基于数字内容语义理解和数字内容属性控制技术。

③ 智能数字内容创作能力

针对现实物理世界中的内容，AIGC 不仅可以凭借智能数字内容孪生能力进行内容孪生，从而将现实物理世界的信息在虚拟数字世界进行精准映射；AIGC 还可以凭借智能数字内容编辑能力对数字化内容进行理解、控制和编辑，从而通过在虚拟数字世界的操作对现实物理世界进行反馈。在技术发展的初期，智能数字内容创作主要表现为基于模仿的创作，而随着技术的发展和应用范围的扩大，基于概念的数字内容创作也逐渐成熟。

近几年，人工智能等技术获得了比较快速的发展，AIGC 作为与人工智能密切相关的领域，其核心技术必然也将不断迭代。相应地，AIGC 赋能内容生产的三大驱动力也将会明显增强，AIGC 将不再局限于辅助内容生成的工具，也成为自主生成内容的主体，能够高效生成兼具数量和质量优势的内容。

## 3.1.3　智能创作：开启内容生产新范式

AIGC 涵盖了文本生成、音频生成、图像生成、视频生成、跨模态生成、策略生成和虚拟人生成等众多应用场景，这些应用场景的技术基础均为人工智能，由此可见，AIGC的发展能够有效提高人工智能技术的发展速度，并通过内容生产创造极高的经济价值。

### （1）多领域延伸的内容生产力革命

从功能作用上来看，AIGC能够代替人力完成具有机械性、重复性等特点的工作，如信息挖掘、素材调用、复刻编辑等，同时也能大幅提高内容创作和物理世界复刻的速度，扩大内容创作边界，革新各类内容的产出方式。未来，AIGC可能会成为数字内容创新发展和人类社会向数字文明时代发展的重要驱动力，掀起多领域延伸的内容生产力革命，比如：

● AIGC在娱乐领域：AIGC相关技术能够基于搜集的数据分析目标受众的喜好，从而打造与目标受众喜好契合度极高的虚拟偶像，拓宽娱乐产业的发展边界。

● AIGC在影视创作领域：AIGC可以应用于影视剧本的创作，对大众好评度高的影视作品的剧本内容进行分析，并在此基础上生成高质量的剧本；AIGC还可以应用于影视作品的制作环节，通过合成场景等方式打破物理层面的限制，提升影视作品的想象空间。

● AIGC在新闻领域：AIGC可以应用于前期的资料搜集阶段，通过高效搜索事件相应的背景等生成高质量的文案内容；AIGC可以应用于中期的新闻报道环节，采用合成主播的方式进行报道，在避免报道失误的同时也能够为观众带来丰富的视觉体验；AIGC还可以应用于后期的剪辑环节，通过自动化字幕生成等方式提升剪辑效率。

### （2）更个性和多维的内容生成方式

从生成内容的形式来看，AIGC可以生成文本、图像、音视频等不同的内容；从生成内容的创作程度来看，AIGC可以生成基础型的内容和创作型的内容。

所谓基础型的内容，指的是AIGC能够凭借技术优势进行复刻编辑、素材调用、信息挖掘等内容生成工作。与人类相比，AIGC完成该类工作的效率更高、失误率更低。所谓创作型的内容，指的是AIGC能够完成创作诗歌、翻译作品、绘制人物画像等具有更高创造性的工作，实际上，随着相关技术的发展，AIGC在语言理解、图像识别等方面已经逐渐超越了人类的平均水平，可以如同艺术家一般根据指示进行创作。

更个性和多维的内容生成方式，使得AIGC可以应用于不同领域，并孕育新的产业形态和商业模式，进而带动经济的发展和社会生活方式的变迁。

### （3）更能满足个性化需求的精神产品

移动互联网的发展，使得用户的信息获取渠道从PC端向移动端转移，数字内容的消费需求不断提升。在内容生成领域，与一般个体相比，AIGC的创造能力更强、生成效率更高，而且在人机写作的内容创作范式中，AIGC也可以作为辅助工具，帮助个体摆脱技法、效能等因素的制约，创作出更为高质量的内容。

对游戏、影视、动漫、音乐等多个内容相关领域进行分析不难发现，目前用户的在线时间越来越长，对于数字内容的需求也越来越高，具有更新创意和更高质量的内容能够吸引更多用户的关注。而且，数字内容的消费结构也已经悄然发生转变。在移动互联网发展初期，用户的数字内容消费主要集中在图文领域，近几年，短视频、直播平台强势崛起，使得原本需要较长制作周期和高额投入的视频成为"流水线"上的"快消品"，同时也提高了用户对于高质量数字内容的需求。

内容创作者的知识储备、生活经验、创作灵感的呈现方式等，影响着其自身是否能够持续创造出富有新意的精神产品。随着信息时代的发展，人们对精神产品的需求更加个性化、多样化，且不断快速增长，这一需求缺口是现有创作方式无法满足的。而ChatGPT等"创作者"，可以在学习人类思维模式的基础上，创造出更多能够满足人们个性化需求的精神产品。

## 3.1.4　AIGC驱动传统产业数字化转型

随着AIGC相关应用越来越多、生产的内容质量越来越高、生产的内容类型越来越丰富，AIGC技术的通用性及其对产业的促进作用也不断增强，比如聊天机器人、智能客服等能够满足电商等领域一部分的内容需求。AIGC相关技术的优势，使得其与多个行业有天然的契合性，如同"互联网+"能够与多个产业相融合一样，"AIGC+"也拥有良好的发展前景，如图3-3所示。

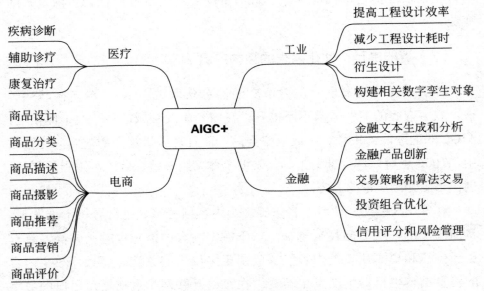

**图3-3　AIGC驱动传统产业数字化转型**

## （1）AIGC+工业

AIGC作为一个与以往不同的、具有更强创造性的内容生产平台，不仅有助于建构新型的互动模式、打造全新的数字化产品，还有助于整个数字化产业的转型和变革。过去，AI对于工业领域的影响主要表现为推荐算法的应用，推荐算法能够应用于数字化内容生态中，搭建一种新型的通信架构。而随着AIGC领域的发展，AIGC将取代PGC与UGC成为一种新的内容生产方式，它能够推动智能客服、聊天机器人、元宇宙等细分领域的发展，发挥出其在生产力方面的属性。

AIGC在工业领域的应用能够大幅提高产业效率和价值。具体来说，AIGC可以与计算机辅助设计技术（Computer Aided Design，CAD）相融合，以自动化的方式来处理一些具有重复性、高耗时、低层次等特点的工程设计工作，进而提高工程设计效率，减少工程设计耗时，达到缩短工程设计周期和节约时间成本的目的，不仅如此，AIGC在工业领域的应用还具有衍生设计功能，工程师和设计师可以从AIGC的设计中获取灵感。

与此同时，基于AIGC技术的3D建模功能也能够从物理世界出发，在数字孪生系统中逼真还原工厂、工业设备、生产线等内容，为工业制造企业的发展提供助力。

总而言之，AIGC技术与各行各业的融合正在逐渐加深，应用也日益广泛，未来，随着科技的进步和相关政策的落地，AIGC的发展速度将会越来越快，AIGC相关产业的发展也将越来越规范。

### （2）AIGC+金融

AIGC技术在金融领域的应用场景，主要体现在以下几个方面：

① 金融文本生成和分析

AIGC可以高效收集各个细分领域的相关信息，并生成相应的金融分析报告供投资者或分析师参考；AIGC还可以实时监控相关的市场动态和投资者动向，为管理机构制定金融决策提供借鉴。

② 金融产品创新

AIGC可以收集相关市场数据和用户投资偏好等信息，为帮助金融机构进行产品创新提供数据参考。借助AIGC整合的信息，金融机构能够创新金融产品组合，并发现新的投资机会。

③ 交易策略和算法交易

随着AIGC相关技术的发展，其能够生成的内容形式必将越来越丰富、内容的质量也会不断提升。在金融领域，AIGC可以生成虚拟交易员，根据市场动态高效模拟市场参与者的行为，并能够在极短的时间内获得反馈结果。而类似的操作可被用于设计交易策略和执行算法交易。

④ 投资组合优化

金融市场瞬息万变，如果等市场发生转变后再采取行动往往为时已晚。因此，可以利用AIGC进行市场动态和投资组合走向的模拟，基于模拟的结果优化投资组合。比如，AIGC可以模拟不同资产组合的收益，从而更好地进行投资风险管理。

⑤ 信用评分和风险管理

对于金融机构而言，能否精准评估客户的信用风险在一定程度上决定了机构的运行是否平稳。因此，可以利用AIGC合成不同的客户数据，并进行信用风险评估，相应的数据均可以用于构建机构的信用评分模型。

### （3）AIGC+电商

AIGC在电商领域的应用场景，主要体现在以下几个方面：

① 商品设计

AIGC可以基于相应商品的属性、标签、用途、目标受众等，自动生成具有独特性、创新性、能够满足受众需求的商品设计方案，从而为商品获得市场竞争力奠定基础。

② 商品分类

AIGC可以基于相应商品的属性、标签、用途、材质等，自动将商品进行清晰、准确、合理的分类，便于消费者快速检索。

③ 商品描述

AIGC可以基于相应商品的属性、标签、用途、目标受众等，自动生成准确、清晰、能够吸引用户注意力的商品描述，以便于提升商品的销量和回购率。

④ 商品摄影

AIGC可以基于相应商品的属性、目标受众、摆放位置等，自动生成清晰、美观、能够全面呈现商品细节的商品摄影，从而提升消费者对商品的好感度。

⑤ 商品推荐

AIGC可以基于相应商品的卖点和目标受众的用户画像，自动生成定制化的商品推荐文案或视频等，提升消费者对商品的好感度和忠诚度。

⑥ 商品营销

AIGC可以基于相应商品的卖点和目标受众的用户画像，自动生成具有创新性、个性化和影响力的商品营销文案或视频等，以提升商品的影响力。

⑦ 商品评价

AIGC可以根据商品的销量、用户的评价等，自动生成客观、准确的商品评价，有利于吸引更多目标受众。

以阿里巴巴智能设计实验室自主研发的AI在线设计平台"鹿班"为例，其整合了创作助手、智能生成、智能排版、设计拓展等功能模块，可以在短时间内自动创作出大量的海报图、广告图和会场图等作品。用户只需要输入品牌logo文字、预期风格、尺寸等数据，鹿班就能够生成相应图片，同时可以自动完成排版、配色、抠图等细节上的调整工作，可以有效提高创作效率。

## （4）AIGC+ 医疗

医疗健康领域的各个环节会产生海量数据，并且该领域的工作具有工作量大、重复性强等特点，因此AIGC在医疗健康领域的应用前景非常广阔。具体来说，AIGC在医疗领域的应用几乎能在整个诊疗过程的所有环节中发挥作用。比如：

● 在疾病诊断环节，AIGC可以整合患者的心率、血压、血常规等基本健康信息以及医学影像报告等检查数据并进行分析，从而科学、高效、准确地进行疾病诊断；

● 在辅助诊疗环节，AIGC的应用具有优化医学图像质量、电子病历录入等作用，能够有效减轻医务人员的工作压力，让医生有更多的时间和精力来研究核心业务并提高自身能力；

● 在康复治疗环节，AIGC具有语言音频合成、肢体投影合成和无攻击感医护陪伴等功能，能够为失声患者、残疾患者和心理疾病患者等提供帮助，加快患者的康复速度。

AIGC应用基于其智能交互功能，可以在患者就医过程中发挥重要作用。例如AI预问诊功能的应用，AI可以在患者正式就诊前，先了解并记录患者的病情，由于某一类病症会使患者表现出相似的症状，因此AI甚至可以结合训练模型做出初步判断，或安排患者提前进行相关检查。之后，医生可以在预问诊基础上有针对性地进行诊断。这不仅提高了医疗服务效率，还缓解了医生的工作压力。

2022年，腾讯健康的"AI助医"在上海第九人民医院落地应用，该应用集成了医学知识图谱、自然语言处理等核心技术，它可以模拟医生的问诊思路，根据患者病情自动生成诊前报告并同步到工作站系统，医生和医院则可以基于报告进一步开展工作。

心理疾病治疗是传统医学的难点，而经过专门训练的AI聊天机器人可以起到良好的辅助作用，例如根据相关诊疗模型为患者提供心理咨询服务。相较于传统的真人对话，用户不用对谈话内容有所顾虑或担心隐私被泄漏，同时可以突破时间和空间上的局限，基于患者需求随时随地进行沟通。聆心智能团队打造的情绪疗愈机器人Emohaa，其人设为一位"可爱灵动"女性，当"她"倾听用户的诉说时，不仅能够引用相关话术从情感上予以用户支持，还能够完成共情、安抚、提供建议等心理咨询过程。

总的来说，AIGC技术的不断进步将是大势所趋，而其对社会生产和人民生活的影响也可能会带来整个社会经济结构的转变。为了更好地推动AIGC的发展，搭建一个涵盖技术、伦理、法律等不同维度的良好生态环境必不可少。

# 3.2 AIGC教育：实现教育现代化的重要基石

## 3.2.1 AIGC教育的应用框架与模型

教育应用主要包括服务于教育行业的各类移动端应用软件和PC端应用软件。现阶段，PGC教育应用已经逐渐难以满足教育行业对内容的需求，AIGC将成为教育行业获取内容的新手段。

从技术方面来看，基于AIGC的教育应用能够利用人工智能等先进技术自动生成与教学需求、教学资源、教学服务等相关的内容，进而为各项教学活动提供技术和内容层面的支持；从本质上来看，基于AIGC的教育应用可以在综合运用知识内容、真实情境和心理机能的前提下进行深度学习，并在此基础上生成教育相关内容。

　　AIGC教育应用既可以用于了解认知特征、明确学习本质和探索教育规律，也可以充分发挥机器学习、逻辑推理、自然语言理解等人工智能技术的作用，促进各项技术与教学、学习、决策等工具、系统和平台的融合，教育行业可以将融合了人工智能技术的各类工具、系统和平台作为规范学习行为、评估学业水平、评估能力结构、构建体验学习情境、制定个性化学习方案、生成个性化学习内容的重要支撑，并提高人机之间的协同性，从而进一步优化教学方式，提高教育教学的个性化水平。但现阶段AIGC教育应用还没有形成完整的理论框架和知识体系，且大多数研究都聚焦于人工智能或教育的一个细分领域，复合理论模型研究不足。

　　目前，我国相关行业对AIGC教育的相关了解和构想较少，并未对AIGC技术在教育领域的应用方式进行深入思考和探索。从实际操作层面来看，相关研究人员需要分析国内外的各项AIGC应用实践，从中获取实践经验，并根据相关政策法规的要求构建符合我国实际情况的AIGC教育应用模型；从研究过程层面来看，对AIGC教育应用的研究和实践离不开科学思维，因此应降低机械化思维对AIGC教育应用的影响，进一步强化科学思维。

　　AIGC教育应用模型中融合了教育学、心理学等理论知识和自然语言处理等AIGC相关技术，是我国实现教育现代化的重要工具，也是助力未来社会快速发展的强劲动力。AIGC教育的底层理论、技术及实现形式如表3-1所示。

　　AIGC教育应用有助于强化学生的个体思维，提高学生的创造力和知识运用能力。具体来说，AIGC教育应用中融合了交互技术、电子游戏技术等多种先进技术，能够针对学生的学习情况和学习需求生成相应的学习资源，并制定专门的学习方案，为学生提供具有趣味性和个性化特点的教学服务，进而增强学生的学习兴趣、好奇心、求知欲和探索欲，提升学生的搜索能力和职业发展能力。不仅如此，AIGC教育应用还可以广泛采集学生的学习数据，强化学习方式和职业教育之间的联系，并为学生获取各类知识和技能提供方便，进而合理分配人力资源，为"零工经

表3-1　AIGC教育的底层理论、底层技术及其实现形式

| 底层理论 | 底层技术 | 实现形式 |
| --- | --- | --- |
| 体验式教学工具MTa来自英国，1982年由心理学博士马丁汤姆森创立，学习活动种类超过100种，每个活动都是为特定的培训需求而设计 | 虚拟现实、增强现实 | AI课程、3D课程 |
| 布鲁姆教育目标分类（Bloom's taxonomy of educational objectives），认知领域目标包括知识、领会、应用、分析、综合和评价等等六级 | 深度学习，用于教计算机以受人脑启发的方式处理数据 | AI老师、虚拟形象（avatar） |
| 基于问题的学习（PBL）是一种教学方法，它使用复杂的现实世界问题作为载体来促进学生学习概念和原理，而不是直接呈现事实和概念 | 自然语言处理是一种机器学习技术，使计算机能够解读、处理和理解人类语言 | 教学对话 |
| 加涅九大教学事件/Gagne's Nine Events of Instruction | Transformer（基于多头注意力机制的模型）、自回归模型（统计上一种时间序列内的方法，是用同一变量之前各期的表现情况来预测该变量本期的表现情况，并假设它们为线性关系） | 自学工具 |
| 多元智能理论（theory of multiple intelligences，简称MI理论）由美国教育学和心理学家加德纳（H. Gardner）博士提出，是一种全新的人类智能结构的理论，它认为人类思维和认识的方式是多元的 | 注意力机制（模仿了生物观察行为的内部过程，即一种将内部经验和外部感觉对齐从而增加部分区域的观察精细度的机制） | 全科学习 |
| 心理匹配策略（strategy of mental matching）是从情感思维度上处理教学内容的一种策略 | 情感计算（Affective Computing）是一个快速兴起的交叉前沿学科，涉及计算机科学、脑与心理科学、社会科学等学科 | 情感互动 |

济"的发展提供支持。

AIGC 教育应用大幅提高了教育的自动化和智能化程度，但同时也存在一定的局限。具体来说，一方面，AIGC 教育应用促进了教育的创新和进步，但却无法取代传统教育给予学生的情感、道德、素质等方面的教育，也无法有效培养学生的人际交往能力和实践能力；另一方面，AIGC 教育应用为教师教学和学生学习提供了方便，但也可能会导致学生对智能学习工具的依赖性过高，进而出现难以自主思考等问题。

总而言之，AIGC 教育应用具有强大的内容生成能力，能够以自动化、智能化的方式生成各类学习方案、学习计划和学习资料等，为学生提供更全面、更智能、更个性化的教育服务，但 AIGC 教育应用并未全面取代 UGC 和 PGC 教育应用，随着人工智能、元宇宙等技术的发展，AIGC 技术将会广泛应用到各种元宇宙场景中，并与 UGC 和 PGC 技术协同作用，在内容层面为教育应用的发展提供强有力的支撑，共同促进教育行业的数字化转型发展。

## 3.2.2　AIGC 教育与教育理论的融合

AIGC 教育应用融合了多种科学理论和科学技术，能够优化和完善教育体系，为学生实现全面发展提供支持。具体来说，AIGC 教育应用中的体验式教学工具和问题驱动教学法（Problem-Based Learning，PBL）能够支持学生在实践中学习知识、积累经验，帮助学生明确学习目标，提高各项学习活动的针对性，进而助力学生实现高效学习。

著名的教育心理学家罗伯特·米尔斯·加涅（Robert Mills Gagne）认为，在教学活动中，教育工作者需要依次完成引起学生注意、提示教学目标、唤起先前经验、呈现教学内容、提供学习指导、展现学习行为、适时给予反馈、评定学习结果、加强记忆与学习迁移九大教学事件。该思想认可了主动引导和鼓励学生以及提高学生对学习活动的参与度对优化学习效果的重要性。

多元智能理论（Theory of Multiple Intelligences）和心理匹配策略（Strategy of Mental Matching）将开发潜能、发挥优势、全面发展和个

性化发展作为教育教学的主要任务。其中，多元智能理论指出人的思维和认识的方式具有多元化的特点；心理匹配策略就是在全方位分析学生心理特点的基础上为其匹配相应的学习内容和学习方案，帮助学生提高学习质量，优化学习效果。

我们可以以少儿教育为例，对AIGC教育与教育理论的融合进行分析。在少儿教育中，思维开发是少儿教育的重要内容。

意大利幼儿教育家玛利娅·蒙台梭利（Maria Montessori）指出，幼儿教育应充分发挥儿童的独立学习能力，让儿童在自由的环境中自主地学习和发展，而不是被强行灌输知识。与此同时，蒙氏教育具有较强的启发性，有助于儿童在学习的过程中不断强化思维能力和问题解决能力。1909年，蒙台梭利将自身探索出的一套儿童早期教育法整理成《蒙台梭利早期教育法》一书，并围绕"重建教育"对新的教育思想进行讨论，在该书中，蒙台梭利提出"家长在儿童成长早期可以利用玩具等方式，培养儿童自觉主动的学习和探索精神"。

2012年10月9日，我国教育部发布《3—6岁儿童学习与发展指南》，并在该文件中指出"3—6岁是儿童的大脑、神经、肌肉迅速发展并接近成熟的时期，是词汇量发展最迅速的时期，是语言应对能力初始发展的时期，是认知能力、逻辑能力、自我意识开始发展的时期"。

美国计算机科学教师协会（Computer Science Teachers Association，CSTA）编写的《CSTA K—12计算机科学标准》指出，计算机科学教育能够有效挖掘学生的创新潜能，提高学生的创造力和问题解决能力，让学生能够快速适应社会发展。

综上所述，目前已有多项教育相关的科学理论指明了思维开发在少儿教育中的重要性，因此，在教育工作中，相关人员应重视对处于少儿时期的学生的思维开发，并通过思维开发来强化学生在问题解决等方面的能力。例如，在少儿编程教育中，编程游戏启蒙、可视化图形编程等教学活动是课程的主要内容，这些课程的安排有助于强化学生的计算思维、创造力和问题解决能力。具体来说，学生在完成动画制作任务的过程中，需要先对这项任务进行自主拆分，并拖拽模块、控制进度，通过制作动画来切实体会什么是"并行"，什么是"事件处理"，什么是"目标实现"。

除此之外，"教育游戏"中的3D沉浸式课程等教育教学活动中应用了DMC（Dynamics动力、Mechanics机制和Components组件）游戏化设计系统，该系统能够为作为用户的学生提供情节场景、游戏角色和道具装备等游戏内容，让学生能够在游戏中通过数字化、沉浸式的实践和交互来完成各项挑战、合作和竞争，同时也能充分满足学生的好奇心，提高学生在幻想、控制和达成目标等方面的能力。学生可以通过交互来实现沉浸式学习，具体来说，沉浸式学习也被称为"流"，需要学生集中精神，将意识投入一个十分狭小的环境中，并对环境进行操控，不仅如此，在这种状态下，学生只能对具体的目标和明确的回馈作出反应。

## 3.2.3 AIGC 教育与底层技术的融合

AIGC教育应用是一种在教育中融入NLP、Transformer、自回归、情感计算、深度学习和自注意力机制等多种人工智能技术的新型教育模式。AIGC教育应用能够全方位分析和处理学习者的情感状态和语言等信息，并根据分析结果生成相应的内容，进而达到优化教育效果的目的。具体来说，NLP、Transformer等人工智能技术的应用能够在技术层面为AIGC教育应用落地提供强有力的支撑，帮助教育行业利用AIGC教育应用来优化教学模式，进一步提高教学模式的智能化、精准化和个性化程度。

近年来，VR、AR等数字化技术飞速发展，AIGC教育应用在数字场景中的应用越来越广泛，虚拟景观、虚拟建筑、虚拟环境等多种虚拟场景与现实世界中的物理场景互相融合，为教育领域提供了虚实结合的教育场景。在课堂上，学生可以借助VR、AR等技术观察微观物质结构，以便全面观察化学反应现象，深入理解化学反应原理，或沉浸式体验历史场景，切身体会历史事件，进而达到提高学习兴趣、优化学习效果和学习体验的目的。

深度学习技术在教育领域的应用能够大幅提高学习内容和课程安排的针对性和个性化程度。具体来说，深度学习技术可以深入分析学生的历史学习行为等信息，并根据分析结果实现精准预测，AIGC教育应用可以围绕预测结果自动生成符合学生实际情况的学习内容、学习计划和学习方案等内容，进而帮助学生实现高效学习。

NLP和自回归等先进技术在教育领域的应用能够大幅提高教学的个性化和智能化程度，有效优化学生的学习体验。具体来说，NLP和自回归等技术能够根据学生语言分析结果和学生情感状态分析结果等信息来对学生当前的学习情况进行智能化、精准化的评估，并从评估结果出发进一步优化教学方案，提高教学内容、教学方式和教学节奏与学生之间的适配性，进而让学生能够更好地学习，达到优化学习效果和学习体验的目的。

情感计算和自注意力机制等智能化技术在教育领域的应用能够大幅提高情感支持的有效性和反馈的准确性。具体来说，情感计算和自注意力机制等智能化技术可以采集和分析学生的情感状态和行为信息，并针对分析结果来调整教学方案，进而实现个性化教学。

以数字人教师为例，数字人教师融合了NLP、人工智能、计算机图形学、计算机动画（Computer Graphics，CG）建模、人像模拟与克隆等多种先进技术，具有拟人化、虚拟化和智能化等特征和与人类形象接近的人物形象，能够对人类的形态、动作、功能等进行虚拟仿真，并借助视线、语气、姿势、韵律、脑电位、肌肉电位、皮肤电导、瞳孔大小、心血管测量数据等信息来了解和掌握学习者当前的学习兴趣、学习动机、理解能力、学习热情、情感状态等，并在此基础上控制自身的眼神和表情，同时与学生进行交流沟通，并针对学生的实际情况为其提供个性化的学习方案，进而为学生快速理解和高效学习各项知识提供方便。

目前，浙江已经有部分学校将人工智能技术应用到课堂教学中，通过在教室中装配摄像头并采集和实时分析恐惧、快乐、厌恶、悲伤、惊讶和愤怒等情绪信息和读、写、听、站、举手和趴在桌子上等行为信息的方式来了解学生的学习状态。

除此之外，新东方开始采用智能化的"慧眼系统"识别和分析学生表现出来的高兴、悲哀、惊讶、愤怒等面部情绪，并对学生的学习状态进行精准判断，同时教师也可以根据分析结果了解学生在课堂上的学习感受，并在此基础上对教学内容进行优化调整。

我国应该在深入了解国内的各类教育场景的基础上综合运用教育理论、心理学理论、神经科学理论等多种科学理论和人工智能等科技手段来构建 AIGC 教育应用模型，并充分发挥 AIGC 技术的作用自动生成所需的教育内容和教学方案，为教师教学和学生学习提供方便。随着教育领域的快速发展和教育技术的不断进步，我国教育行业将大力创新 AIGC 教育应用，进一步提高教育的有效性和智慧性，助力学生高效学习、快乐成长。与此同时，我国也要加强对 AIGC 教育应用模型的研究力度，积极构建服务于各类教育活动的 AIGC 教育应用模型，为教育事业实现高质量发展提供强有力的支持。

AIGC 能够在全面分析学生的学习习惯、兴趣爱好等信息的基础上生成有针对性的教育内容，大幅提高教育教学的个性化程度。AIGC 教育应用中融合了心理学理论和神经科学理论，能够精准把握学生的认知和情感需求，并为其提供相应的学习内容和学习方案。不仅如此，AIGC 教育应用中还融合了 Transformer 技术，能够精准高效地理解学生的语言和情感表达，并根据学生需求自动生成相应的内容。由此可见，AIGC 技术在教育领域的应用大幅提高了教育内容的多样性以及教育教学的个性化程度，能够为学生提供定制化的服务，充分满足学生的学习需求。

## 3.2.4　AIGC 教育的政策与监管框架

地缘教育涉及教育政治学、地缘政治、跨境教育等诸多内容，既有助于充分发挥经济影响力和文化吸引力、强化教育领域的竞争优势，也能够有效推动我国教育与国际接轨，帮助我国进一步扩大教育开放格局。我国在设计 AIGC 教育应用模型时需要充分考虑地缘教育相关规定和要求，根据不同的地缘文化开展跨境教育合作和口岸地区教育合作，加强不同地区在文化、思想、人文等方面的交流，培养具有家国情怀、本土精神、国际视野和跨文化交流能力的高质量人才。

### （1）宏观政策

新中国成立以来，我国大力发展基础教育，积极推进基础教育改革。

2014年3月30日，我国教育部发布《教育部关于全面深化课程改革落实立德树人根本任务的意见》，并在该文件中首次提出把核心素养教育落实到各学科教学，自此，我国基础教育改革正式开始迈入核心素养的新时代。随着基础教育改革工作的持续推进，我国陆续发布了《中国学生发展核心素养》《21世纪核心素养5C模型研究报告》《中国高考评价体系》和新课程标准等一系列教育相关政策文件和标准规范。

2017年7月8日，国务院发布《国务院关于印发新一代人工智能发展规划的通知》，并在该文件中提出"加快培养人工智能高端人才"。我国需要"培育高水平人工智能创新人才和团队"，"加大高端人工智能人才引进力度"，并"建设人工智能学科"，具体来说，我国应积极建设智慧校园，加强人工智能技术在教育教学中的应用，搭建智能化的在线学习教育平台和教育分析系统，以学生为中心对教育环境、教育服务等内容进行优化，为不同的学生提供定制化的教育内容，提高教育内容的针对性，从而为学生更好地学习提供方便。

2022年9月4日，中共中央办公厅、国务院办公厅印发《关于新时代进一步加强科学技术普及工作的意见》，并在该文件中提出"坚持把科学普及放在与科技创新同等重要的位置，强化基础教育和高等教育中的科普"。将科技作为素质教育的重要内容不仅能提高我国青少年对科学技术的了解程度，也有助于进一步挖掘我国青少年的创造力和想象力，强化我国青少年在科技创新方面的兴趣。与此同时，我国还在该文件中明确了科学技术普及工作目标，指出"到2025年，科普服务创新发展的作用显著提升，公民具备科学素质比例超过15%，到2035年，公民具备科学素质比例达到25%"。

2023年2月21日，中共中央政治局就加强基础研究进行第三次集体学习，会议指出"要在教育'双减'中做好科学教育加法，激发青少年好奇心、想象力、探求欲，培育具备科学家潜质、愿意献身科学研究事业的青少年群体"。因此，我国需要强化科普能力，大力传播科学知识，展示科技成果，提升全民科学素质。

AIGC教育应用模型设计工作应围绕人的本源展开，并充分发挥深度学习等人工智能技术的作用，利用智能化的工具完成各项教育相关工作。

与人相比，人工智能具有更加精准高效的识别能力和记忆能力，能够快速识别和积累大量信息，并将这些信息运用到教育中。

（2）监管政策

我国在设计 AIGC 教育应用模型时应考虑该模型在技术和数据方面的安全性问题以及落地应用相关问题，充分确保 AIGC 教育应用符合相关监管政策的要求。

《互联网信息服务算法推荐管理规定》《互联网信息服务深度合成管理规定》《具有舆论属性或社会动员能力的互联网信息服务安全评估规定》等信息安全相关文件都对互联网信息管理提出了明确的要求，《生成式人工智能服务管理办法（征求意见稿）》等文件对人工智能技术的管理工作进行了规范，《个人信息保护法》《数据出境安全评估办法》《个人信息出境标准合同办法》《个人信息保护认证实施规则》等信息安全相关文件和法规明确了各项数据出境相关要求。我国在设计 AIGC 教育应用模型时应严格遵守以上各项文件中提出的相关要求，并在各项相关法规的允许范围内完成安全评估、安全认证、标准合同备案、算法备案和变更、备案手续注销等工作。

2019 年 9 月，教育部、中央网信办、工业和信息化部、公安部、民政部、市场监管总局、国家新闻出版署、全国"扫黄打非"办公室八部门联合发布《教育部等八部门关于引导规范教育移动互联网应用有序健康发展的意见》，该文件指出"教育移动互联网应用程序是指以教职工、学生、家长为主要用户，以教育、学习为主要应用场景，服务于学校教学与管理、学生学习与生活以及家校互动等方面的互联网移动应用"，同时《关于进一步加强网络游戏管理的通知》《关于移动游戏出版服务管理的通知》《关于网络游戏发展和管理的若干意见》《关于落实国务院归口审批电子和互联网游戏出版物决定的通知》等相关文件也对教育 App 的应用等问题提出了明确的要求。我国在设计 AIGC 教育应用模型时应严格遵循以上各项文件中的相关规定，并根据相关政策对 AIGC 教育应用进行备案，同时也要进一步区分 AIGC 教育应用和网络游戏，明确二者之间的区别。

# 3.3 AIGC在教育产品中的应用场景与实践

## 3.3.1 AIGC颠覆传统教育模式

随着AIGC技术的快速发展，基于AIGC技术的应用日渐增多，教育领域的许多企业和机构开始将AIGC技术融入教育，试图利用AIGC技术为教学工作赋能。例如，百度AI教育实验室开发出智能阅读、智能题库和智能错题本等多种基于AIGC技术的智能教育产品，并利用这些产品为学生群体提供教学服务，帮助学生提高学习效率和学习质量，同时，这些AIGC教育产品的发展也有效促进了整个教育行业的创新发展。美国斯坦福大学的吴恩达（Andrew Ng）创办的Coursera也开发出了一种基于AIGC技术的智能学习系统，该系统能够通过对学生的各项数据信息的分析掌握学生的实际学习情况和兴趣爱好，并据此为其推荐相应的课程和教材，帮助学生实现高效学习。

由此可见，AIGC技术在教育领域有着十分广阔的应用前景和巨大的应用潜力，AIGC技术也将为传统教育模式带来颠覆性变革，如图3-4所示。

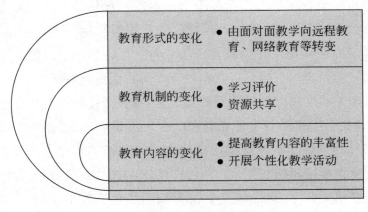

图3-4 AIGC颠覆传统教育模式

### （1）教育形式的变化

AIGC技术在教育领域的应用促进了教育形式由传统的面对面教学向远程教育、网络教育等全新的教学形式转变。随着AIGC技术在教育领域的应用逐渐成熟，教育将打破时间和地点的限制，未来的学生将可以通过网络和智能终端设备等工具获取各种优质的教育资源，并在虚拟教室和在线学习平台等网络空间中学习知识。

### （2）教育机制的变化

AIGC技术在教育领域的应用促进了教育机制创新发展。从学习评价方面来看，AIGC技术的应用能够对学生的学习情况和学习能力进行精准评估，并根据评估结果为学生提供个性化的指导方案，这既有助于教师以学生为主体开展教学活动，也能够为学生实现高效学习提供帮助；从资源共享方面来看，AIGC技术的应用推动了教育资源开放共享，为学生获取学习资源提供了方便，有助于学生进一步提高学习效率。

### （3）教育内容的变化

一般来说，传统教育的内容大多来自教师的经验和知识储备，具有针对性弱、丰富度低等不足之处，而AIGC技术在教育领域的应用能够有效提高教育内容的丰富性，有助于学校根据学生的实际情况开展个性化的教学活动。

教师可以综合运用AIGC、数据分析和机器学习技术来分析学生的行为、能力水平和实际需求，并根据分析结果确定教学内容，以便提高教育质量、优化教育效果。对教育行业的企业、机构和教师来说，AIGC技术的应用促进了教育领域的快速发展，但同时也带来了一定的挑战，因此教育行业的从业者需要积极了解和学习AIGC相关知识，提高自身在AIGC应用方面的能力，并充分利用AIGC技术为学生提供高质量的教育资源和教育服务。

### 3.3.2　AIGC赋能教育的价值

AIGC技术与教育产品的融合大幅提高了教育产品的智能化程度，这些智能化的教育产品的商业化落地能够为学校和教师的工作带来方便，为学生学习和家长充分了解学生的学习情况提供帮助。AIGC赋能教育的价值如图3-5所示。

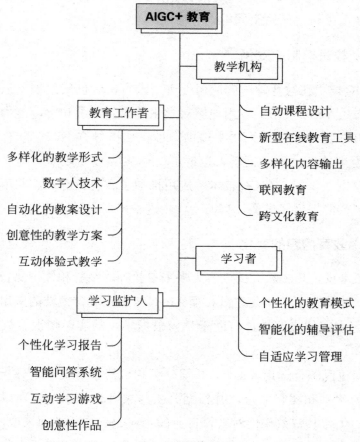

图3-5　AIGC赋能教育的价值

#### （1）教学机构

AIGC技术的应用能够帮助教学机构减少在教学资源方面的支出，提高教学质量和教学效率，强化教学创新能力和行业竞争力。

① 自动课程设计

AIGC技术的应用能够针对实际教学目标和具体教学内容来采集、整合和处理课件、视频、文档、网页等各种学习资料，并在此基础上提高课程设计的自动化水平。

② 新型在线教育工具

AIGC技术的应用能够为学校等教育机构提供Class Bot等新型在线教育工具，并为其制作在线学习课程提供方便，让学生能够通过线上学习的方式获取知识，同时也能进一步提高学生的学习效率和毕业率。

③ 多样化内容输出

AIGC技术的应用能够从具体的学习场景和学习偏好等出发，从音频、视频、动画、图表等多种输出形式中选择最合适的输出形式来展示教学所需的教育内容，从而达到提高教育内容的吸引力和传播力的目的。

④ 联网教育

AIGC技术的应用融合了互联网、云计算等多种先进技术，能够构建起联通不同地域和时区的在线教育平台，并打破语言不通造成的信息壁垒，为教育资源共享和交流沟通提供支持。

⑤ 跨文化教育

AIGC技术的应用能够根据语言和文化背景等信息自动生成相应的学习内容，为实现跨文化教育提供方便，进而促进跨文化教育快速发展。

### （2）教育工作者

AIGC技术的应用能够为教师的课程设计工作和课堂教学工作提供强有力的支持，丰富教学内容和教学形式，同时也能帮助教师增强自身的教学能力，提高教学水平，优化教学效果，提升学生的满意度。

① 多样化的教学形式

AIGC技术的应用能够根据实际需求自动生成并输出音频、视频、动画和图表等多种形式的教育内容，充分确保教育内容的多样性、传播力和吸引力。

② 数字人技术

AIGC中的数字人技术能够自动生成数字人，在教学过程中，教师和学生可以在虚拟空间与数字人进行交流，从而在课堂互动中获得更具趣味性的课堂体验。同时AIGC技术的应用也能够自动生成训练老师和学生的数字人，以便借助数字人展开各项场景化学习活动。

③ 自动化的教案设计

基于同源性的AIGC技术具有采集、整理、优化学习资料的作用，能够从具体的教学目标和教学内容出发，针对学生的实际学习情况自动生成相应的教案设计。

④ 创意性的教学方案

基于AIGC技术的ChatGPT能够根据用户输入的信息自动生成具有创意性的教学方案，帮助教师拓宽教案设计思路。

⑤ 互动体验式教学

AIGC技术的应用能够实现增强现实等功能，能够自动生成多种不同形式的互动内容，大幅提高教育内容的趣味性和多样性，进而有效调动学生的学习热情。

## （3）学习者

AIGC技术的应用提高了学习内容和学习方式的多样性和个性化程度，能够有效提升学生兴趣，增强学生的学习积极性，进而帮助学生优化学习效果、提升学习成绩、强化学习能力、提高知识素养。

① 个性化的教育模式

融合了AIGC技术的智能学习产品具有智能辅导功能，能够针对学生的学习水平和学习进度自动生成个性化的教育方案，为学生提供最合适的学习内容和学习方法，并控制题目和解析的难度和类型，充分确保教育的定制化和个性化程度。

② 智能化的辅导评估

基于对话式的AIGC应用具有智能化辅导、智能化评估和智能化反馈功能，能够针对学生的具体回答来对学生的实际学习情况进行评估，并为其生成相应的辅导方案，充分确保辅导的个性化程度。

③ 自适应学习管理

基于推荐式的AIGC应用具有学习管理功能，能够针对兴趣方向和学习目标等信息为学生提供符合其实际需求的学习资源和学习方案，帮助学生实现自适应学习管理，同时也能在实时分析学生学习行为和学习成果等信息的基础上不断对学习方案进行优化升级，充分确保学习方案符合学生的学情。

### （4）学习监护人

AIGC技术的应用能够为家长及时掌握学生的学习情况和学习需求提供帮助，并为家长与学校之间的沟通提供支持，进而实现家校共育，帮助学生实现全面发展。

a. AIGC技术的应用能够根据学生的学习情况自动生成包含学习进度、学习优势、学习困难和学习建议等诸多内容的个性化学习报告，为家长了解学生的实际学习情况提供帮助。

b. AIGC技术的应用具有智能沟通功能，能够生成智能问答系统，并借助该系统与学生进行交流和沟通，进而获取学生的学习体验、学习想法等信息。

c. AIGC技术的应用能够生成各类互动学习游戏，家长可以借助游戏与学生进行互动，进而达到增进亲子关系和提升双方信任感的目的。

d. AIGC技术的应用能够自动生成具有较强创意性的作品，为学生创作作品提供灵感来源，进而激发学生的想象力和创造力，达到强化学生综合素质的效果。

## 3.3.3　AIGC教育的优势、挑战与趋势

从上述AIGC赋能教育的价值中可以看出，AIGC教育具有明显的应用优势。但作为一个全新的领域，AIGC教育要实现其价值也会面临诸如内容版权的保护等方面的挑战。因此，要实现Web 3.0时代的教育变革和转型，AIGC教育就应该迎接挑战并顺应发展的趋势。

### （1）应用优势

从优势上来看，AIGC技术在智能教育产品中的应用具有优化教学效果、降低教学成本和促进教学创新的作用，如图3-6所示。

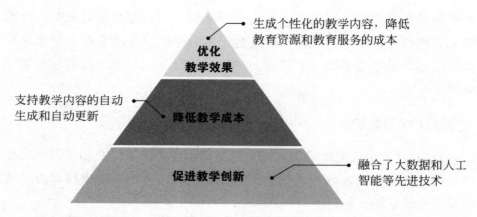

**图3-6　AIGC技术在智能教育产品中的应用优势**

① 优化教学效果

AIGC技术在智能教育产品中的应用能够从用户需求出发生成个性化的教学内容，确立符合用户需求的教学方式，进而提升用户的学习兴趣和学习积极性，帮助用户优化学习效果，获得更好的学习成绩。不仅如此，AIGC技术在智能教育产品中的应用还能够在保证质量的同时降低教育资源和教育服务的成本，缩小不同地区、不同阶层之间的教育差距，提高教育的公平性。

② 降低教学成本

AIGC技术在智能教育产品中的应用支持教学内容的自动生成和自动更新，为教师的教学内容编写和维护工作提供方便，进而降低教学难度，减少教学成本支出。

③ 促进教学创新

AIGC技术在智能教育产品中的应用融合了大数据和人工智能等先进技术，能够生成创意性的教学内容，为教师进行教学创新提供了支持，同时也促进了教育改革，有助于有效提高教育质量。

### （2）应用挑战

AIGC教育在具体的应用过程中主要面临的挑战如图3-7所示。

① 内容质量的保证

受模型的稳定性影响，AIGC技术的应用所生成的内容存在准确性和

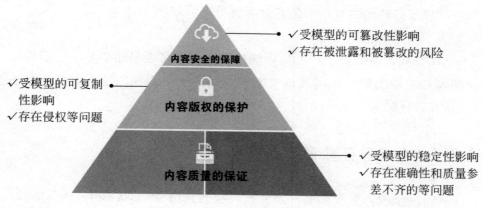

**图3-7　AIGC教育的应用挑战**

质量参差不齐等问题，因此相关工作人员需要对其生成的各项内容进行审核和校对，以便及时发现并处理其中存在的错误内容。

② 内容版权的保护

受模型的可复制性影响，AIGC技术的应用所生成的内容可能存在侵权等问题，因此用户在使用AIGC技术生成内容时需要充分确保内容的合法性和合规性，最大限度防止出现版权纠纷等问题。

③ 内容安全的保障

受模型的可篡改性影响，AIGC技术的应用所生成的内容可能存在被泄漏和被篡改的风险，因此相关工作人员需要通过数据加密等方式来强化安全保障，防止各项内容被泄漏和滥用。

### （3）未来趋势

随着科技的不断进步，AIGC技术在智能教育产品中的应用越来越广泛和深入，未来，AIGC技术在智能教育产品中的应用将呈现出以下发展趋势。

① 多模态融合

AIGC技术在智能教育产品中的应用能够生成并输出音频、视频、图像等多种模态的教育内容，从而实现多模态融合，充分确保教育内容的丰富性。

② 交互式对话

AIGC技术在智能教育产品中的应用能够实现与用户之间的双向交

互，并通过自然语言对话来全方位了解用户信息。

③ 情感化表达

AIGC技术在智能教育产品中的应用能够在客观描述的基础上增加符合情境和语境的情感，因此通常能够与用户建立更深的情感链接，增强用户的信任感。

## 3.3.4  AIGC在教育产品中的使用案例

就目前来看，教育产品开发行业已经研究出了Class Bot、Unicheck、Quizlet、Duolingo等多种融合AIGC技术的教育产品，与其他教育产品相比，这些基于AIGC技术的教育产品通常具有更加强大的性能，能够帮助教育行业提高教育效率和教育质量。

### （1）Class Bot

Class Bot是一款由在线教育技术公司王道科技研发的AI嵌入式在线教育产品，学校等教育机构可以利用Class Bot来制作在线学习课程，并充分确保课程制作效率，同时也能借助该产品来提高在线学习学生的学习效率。

首先，Class Bot可凭借基于同源性的AIGC技术自动生成课程目标、课程内容、课程结构、课程进度和课程评估等，针对各个学科和层次为教师提供相应的课程设计方案，进而达到为教师的教学工作提供方便的目的；其次，Class Bot可凭借基于对话式的AIGC技术针对不同学生的实际情况自动生成相应的题目和解析，为学生提供符合其学习水平、学习进度、解题难度和所需题目类型等实际学习情况的练习题，进而实现个性化的智能辅导；最后，Class Bot可凭借基于推荐式的AIGC技术针对学生的学习兴趣和学习目标等信息来自动生成并推荐符合学生实际需求的学习资源和学习方案，实现自适应学习管理，同时也能从学生的学习行为和学习效果出发实时优化学生的学习方案。

### （2）Unicheck

Unicheck是一款融合了AIGC技术的在线抄袭检测产品，能够识别抄袭或将文本内容与其他网站的文本进行匹配进而发现抄袭等问题，防止出现学术不端现象，充分确保学生作品的写作质量和原创性。

首先，Unicheck可凭借基于多模态的AIGC技术识别文本、图像、音频、视频等多种不同类型和不同格式的文档中的抄袭内容，并检测出文档内容的重复率；其次，Unicheck可凭借基于对话式的AIGC技术优化学生作品的风格和结构，提高学生作品质量，并为学生提供智能化的反馈意见，帮助学生有效规避抄袭和内容错误等问题；最后，Unicheck可凭借基于推荐式的AIGC技术广泛采集并向学生推送所需的参考文献和学习资源，为学生获取更多知识提供方便。

### （3）Quizlet

Quizlet是一款融合了AIGC技术的在线学习工具，能够根据学生的实际学习情况自动生成并推送习题等学习资料，帮助学生获得更好的学习效果和学习成绩。

首先，Quizlet可凭借基于同源性的AIGC技术分析教材和笔记，找出学习的重难点内容，并据此生成填空题、选择题、判断题等多种不同类型的题目，为学生提供类型丰富的练习题；其次，Quizlet可凭借基于对话式的AIGC技术对各项知识点进行智能化解析，为学生理解和掌握知识提供方便；最后，Quizlet可凭借基于推荐式的AIGC技术为学生推送符合其当前的学习能力和学习进度的题目，为学生练习巩固知识提供方便，同时也可以针对学生反馈实时优化调整推送内容，提高推送题目与学生实际学习情况之间的契合度。

### （4）Duolingo

Duolingo（多邻国）是一款融合了AIGC技术的语言学习工具，能够为用户提供四十余种语言课程，并充分确保课程设计的个性化程度，为用户提升自身的语言能力和语言水平提供帮助。

首先，Duolingo可凭借基于多模态的AIGC技术在符合语言特点和语言规则的基础上自动生成文本、音频、视频、动画等多种类型的语言内容，充分满足用户的语言学习需求；其次，Duolingo可凭借基于对话式的AIGC技术与用户进行深入沟通，并分析沟通过程中获取的各项信息，根据分析结果为用户提供智能化的指导建议，为学生进一步强化自身的语言能力和语言水平提供助力；最后，Duolingo可凭借基于推荐式的AIGC技术为用户推送符合其学习兴趣、学习目标和学习需求等具体情况的语言课程，并针对学生的学习行为和学习效果等实际学习情况对推送内容进行动态调整和优化。

# Web 3.0

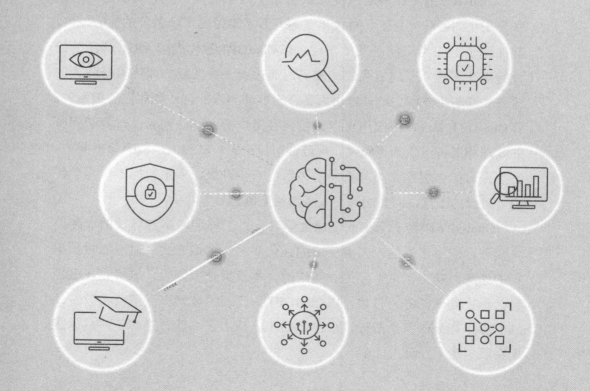

第 **4** 章

## ChatGPT+
## 智慧教育

# 4.1 ChatGPT革命：重构智慧教育新生态

## 4.1.1 ChatGPT在教育领域的应用价值

近年来，人工智能领域的理论和技术实践都有了突飞猛进的发展，神经网络算法、深度学习算法、大型语言模型的开发取得了一定的成果，能够自动生成文本、图像、代码的智能应用应运而生。ChatGPT作为一款集成了聊天、写作等功能的智能交互机器人，于2022年11月上线后便在社交网络迅速走红，短短两个月，其月活跃用户就达到了1亿人，截至2023年5月，其全球访问量已超过17亿次，成为历史上增长最快的消费者应用之一。

ChatGPT的上线为互联网领域带来了鲶鱼效应，全球知名的网络技术公司（如谷歌、百度、科大讯飞等）为了维持其市场竞争的优势地位，都加快了对同类产品研发的步伐。以ChatGPT为代表的AIGC产品的最大特点在于建立了内容生成式规则，通过大量数据集的训练习得强大的语言处理与生成能力，其输出内容甚至能够与专业创作者的作品相媲美。就ChatGPT来说，该应用可以流畅回答用户的大部分问题，对复杂问题的处理和语言组织的逻辑性、规范性可见一斑；其强大的信息检索能力、自然语言能力促使人类与机器的关系进一步升级，人工智能不再是单纯的、机械的工具，而是能够与人类沟通交流的得力助手。

ChatGPT作为一个集成了深度学习、人工神经网络等算法的大型语言模型，应用了"基于人类反馈的强化学习"训练方式，通过海量数据集的训练，获得了可扩展的、高效的文本数据处理能力，能够完成多种自然语言处理任务。目前，以ChatGPT为代表的智能交互工具在教育领域的应用还处于探索阶段，但已经初步表现出了一些普遍特征，具体表现在以下几个方面。

### （1）万物互联：提升学生解决问题的能力

ChatGPT基于强大的学习算法，能够发挥"万物互联"的开放性优势，构建各类教育资源库，这为学生的自主学习与认知提升提供了良好的条件，有利于加深学生的直观感受，培养学生的自主创新能力和自主探究解决问题的能力。

① 拓宽学生的知识视野

在现有互联网环境中，学习者可以通过Web搜索引擎检索问题答案，但搜索引擎只能输出与答案相关的内容，而无法直接给出准确答案。而基于开放的人工智能系统，ChatGPT对知识信息的存储、读取能力有了大幅提升，学习者可以从智能系统中快速获取与问题匹配的答案。

ChatGPT与其他自然语言处理模型相比，其一大优势在于语料库的数据容量大，其中含有海量的知识内容信息，能够提供大部分基础性知识问题的答案。学生可以利用ChatGPT中的海量知识信息资源，提升自我认知，并完善知识内容体系。ChatGPT可以为相关问题提供不同的解答思路，进而启发学生对既有方法论进行质疑或思考。此外，在融入了智能工具的虚拟学习环境中，学生可以突破校园中教育资源的局限，尝试用多种方法探索知识规律、发散思维进行创新。

② 加深学生的直观感受

在传统的教学活动中，学生主要依靠书本上有限的内容去理解、记忆知识，虽然教师会对重难点部分进行讲解，但不可能顾及每个学生，因此学生在很多情况下只能对抽象知识进行机械的背诵和记忆。而ChatGPT可以为学生详细解读知识，鼓励学生"刨根问底式"的学习方法。ChatGPT除了能够生成富有创意的、表述清晰的文字内容外，还可以与其他模态内容生成器组合，生成图片、音频、视频等，更好地辅助学生对知识进行理解和记忆。

除了解答问题，ChatGPT还可以对学生解答问题的思路或方法进行验证、评价，判断其得出的结论是否正确。具体方法包括：在学生给出的问题解决框架下，设定虚拟条件进行模拟，或结合更为高阶的定理、结论进行可行性评估。其多元化的方法思路能够帮助学生深化认识，培养学生从多角度分析问题、解决问题的能力。

### （2）人机交互：增强学生认识的能动性

ChatGPT的文字输出是基于深度学习模型对海量文本数据进行读取、运算来实现的，它能够在运算过程中完成大量复杂的学习任务，生成语义逻辑正确、含义明确且连贯性的文字内容。基于这一技术特征，ChatGPT可以很好地理解学习者的交互意图，从而模仿人类与学习者进行顺畅交流，这有利于增强学习者的能动性，具体表现在以下两个方面。

a.就解答方式来说，ChatGPT灵活、智能的交互模式可以促使学生的学习方式从搜索式学习转变为对话式学习。ChatGPT可以根据用户输入的内容判断其意图和需求，然后输出回应或回答，并根据用户的反馈和提问实现连续型的话题交互。这打破了以往"主—客"二元对立的人机关系，改变了系统根据用户指令执行任务的单向交互模式，全新的人机交互形态逐渐建立起来。而且，高度智能化、拟人化的自然语言交互模型，逐渐消除了用户所处物理世界与机器人所处虚拟世界之间的界限感。

b.就解答时间来说，即时性是ChatGPT的显著优势。学习者在进行问题探究的过程中，如果能够得到及时反馈，则练习的有效性将大大提升。ChatGPT可以基于学习评估系统模型，及时对学生的学习活动进展情况、认知情况或理解情况进行评价分析，并将结论、建议反馈给学习者。这种反馈机制不拘泥于特定的时间、地点或学习情境，能够充分发挥智能工具在学习活动中的支持辅助作用，满足学习者的多样化学习需求。即时性的对话教育有效弥补了传统课堂教学的不足，为突破时空的泛在学习提供了条件，有利于提高学生的自主学习能力。

### （3）教育大数据：辅助提升教学活动的效率和质量

从教学层面看，ChatGPT可以辅助提升教学效率和教学质量，这主要表现在课堂计划生成、教学资源获取和教学质量评估等方面。在ChatGPT等智能工具的支持下，传统教学中的部分环节可以实现自动化，这有利于减轻教师的工作负担，促进教师专业技能和教学能力的提升。

例如，教师在设计教案时，可以利用ChatGPT生成教学计划框架，包括教学内容、教学目标、教学环节和整体评价等。ChatGPT可以为教师提供有针对性的课外拓展资料或与知识内容相关的经典案例等，从而为教学活动开展和教学研究提供有力支持。

此外，ChatGPT也可以为教育研究者提供多样化的帮助。在传统的教育研究活动中，研究者通过实地查阅文献资料或以会议、电话等形式与同行交流来获取教育经验信息。而利用ChatGPT，研究者可以快速获取到不同的教育思路或观点，或直接了解到相关文献的核心信息，避免了烦琐的查阅过程，同时根据ChatGPT给出的对各类文献的分析评价，研究者能够全面掌握研究所需要的各类信息。这有利于使研究者专注于教育理念探索等创造性工作，而不必在烦琐的临时性事务中耗费精力，从而有力推进学术研究与知识生产的进程。

## 4.1.2　ChatGPT引爆个性化学习革命

在数字经济蓬勃发展的浪潮中，各行业、领域的数字化转型逐渐被提上日程。教育领域的数字化变革，也是适应信息时代发展的必然要求。ChatGPT基于其强大的实时交互能力，在学生学习、教师备课和教学评价等方面都可以发挥重要作用，由此受到业内人士的普遍关注。

现阶段以知识传递为核心的教育模式已经跨越了上升期，难以再有显著的突破和进展，而ChatGPT无疑为教育改革注入了新的活力。目前，新加坡等国家已经着手布局改革实践，计划将ChatGPT等智能工具纳入高校的日常教学活动中，并为教师和学生正确使用这些智能工具提供指导，在促进教学模式创新的同时，培养学生的信息素养。

在传统的教育模式中，教师作为课堂教学的主导者，根据课程目标、课程标准要求和课程计划，面向全体学生传授相同的知识。该模式下，不同学生由于理解能力、认知能力具有差异，对知识的接受程度必然不同，但教师难以顾及每个学生对知识理解的薄弱环节。而计算机技术、网络信息技术、人工智能等数字化技术在课堂教学中的应用，能够有效解决上述问题，推动落实个性化教育的理念，并进一步驱动传统教育变革。

从学生的角度来说，ChatGPT可以为学生进行自主探究学习提供有力支持。ChatGPT就像一本能够与"读者"交流对话的百科全书，可以有侧重地为不同问题提供不同答案或其他个性化的帮助。学生不论在课堂中还是课下，都可以随时随地向ChatGPT提问，由此不断巩固完善自己的知识体系。另外，对于写作、外语等重视语言能力的学科，ChatGPT可以发挥其专长，帮助学生检查词汇、语法是否使用正确，并给出修改建议。ChatGPT的应用，有效减少了学生自主学习时的障碍，有利于学生体会到自主探究、思考的乐趣，提升其自主学习的积极性。

ChatGPT在教育领域的应用使"泛在学习"得以实现，学习者不论是否在课堂、是否毕业，都可以借助这一智能工具解疑释惑，提升自身的认知。由此，在传统教育理念中倡导的学习目的、学习价值、学习内容、学习方法及评价标准等都将发生深刻变革，如图4-1所示。

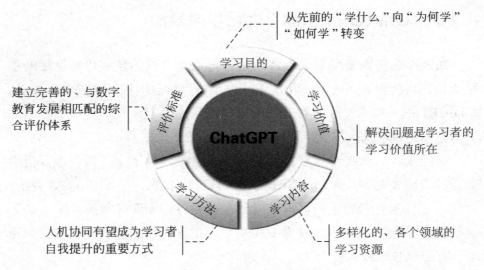

**图4-1　ChatGPT引爆个性化学习革命**

## （1）学习目的

学习者的学习目的从先前的"学什么"向"为何学""如何学"转变，即从现在的具备应试教育特征的强制性知识记忆转变为有目的的、方向明确的学习。

学习者首先应该明确学习的理由或目的，例如从期望实现的理想目标出发、从职业规划出发等；然后据此确定"学什么"，即具体学习内容；最后实现对"如何学"的步骤规划。只有先明确"为何学"，才能把握好学习方向，从而高效、合理地使用ChatGPT等智能工具。

### （2）学习价值

在以数字技术、智能技术为驱动力的快速发展的社会经济形势中，解决问题是学习者的学习价值所在。大数据技术可以赋能学习分析，催生出个性化的、适应性更强的学习范式。数字技术能够辅助创设符合学习者偏好的、定制化的交互学习模式，并通过学习者与ChatGPT等智能系统的交互，进一步增强定制化学习的有效性。

在与ChatGPT交流的过程中，学习者可以就学习主题进行深入探究，并拓展主题知识信息的外延内容，从而形成全面、客观的知识体系认知。

### （3）学习内容

ChatGPT作为囊括了海量知识内容的综合数据库，为学习者拓展学习范围奠定了基础。学习者可以从ChatGPT中快速获取多样化的、各个领域的学习资源，大大提高了知识信息的检索效率，有利于学习效益的提升。

另外，随着智能算法模型的迭代和优化，ChatGPT能够输出更为准确、更高质量的答案，从而辅助学习者提升学习品质，包括自主思考能力、问题解决能力、创造力、批判性思维能力、沟通能力等。同时，执行力、钻研精神、自控力等品质也成为影响学习者取得学习成果的重要条件。

### （4）学习方法

人机协同有望成为学习者自我提升的重要方式。ChatGPT可以作为辅助大脑，综合学习者的学习目标和既有知识资源信息，为学习者提供适宜的学习策略。就学习者自身来说，要达到理想的学习效果就需要具备与AI合作学习的能力。

（5）评价标准

评价标准对学习活动具有一定的导向作用，评价标准通常关注以高阶思维能力为核心的智慧型、探究型学习。智能工具不仅会带来学习方法、学习模式的变革，还会促使学习质量评价标准发生改变。ChatGPT能够为学习质量评估提供强大的资源信息支撑，辅助建立更为完善的、与数字教育发展相匹配的综合评价体系，并大大提升整体评估的科学性、有效性和高效性。随着智能工具与学习者互动频率的提高，学习者的学习需求可以被充分挖掘，从而释放海量知识信息资源的应用潜力，促进各学科、各领域的创造创新。

未来，伴随学习模式的变革，评价方法也会发生根本性变化。学习质量评价的侧重点不再是对既有知识的掌握程度，而是基于现有知识信息进行创新的能力、问题解决能力、在复杂环境中的决策能力等。而学习质量评价标准的转变，又能够为学习模式、教育模式的未来发展方向提供有益指导。

## 4.1.3　ChatGPT赋能课堂教学

课堂教学是教育实施的重要环节，也是实现教育目标的基本途径。近年来，随着神经网络、深度学习等算法模型技术取得突破，ChatGPT、文心一言等智能工具逐渐进入人们的视野，并不断向各行各业渗透，推动着社会生产、社会活动等作业方式的数字化变革。ChatGPT作为自然语言处理技术落地应用的成功范例，在教育领域可以发挥巨大的价值和优势，为教育方法、教育理论的创新带来可能，教育信息化、教育数字化发展成为未来教育发展的重要方向。在课堂教学方面，ChatGPT的独特优势得以充分发挥。

（1）提高教师教学效率

ChatGPT可以参与课堂教学的全过程，辅助教师完成各项工作，例如结合大数据分析，帮助教师制定教学策略、获取并筛选教学资源等，具体体现在以下方面。

a.在上课之前，ChatGPT可以通过互动问答的方式帮助教师理清课程设计思路，设计教学大纲、制订课程计划，并完善讲义的细节、有效把握重难点，以确保课堂教学质量，尽可能使学生学有所获。

b.在上课过程中，ChatGPT可以作为智能化的助教机器人，及时为师生提供反馈，辅助课堂教学有序开展，并增加课堂的趣味性、生动性。

c.在课后，ChatGPT可以根据教师在课堂上的讲授内容自动生成课后作业和思考题目，从而对学生的课堂学习情况进行检测和评价，以便教师有针对性地辅导学生查缺补漏。

d.在其他与教学相关的活动中，ChatGPT也可以提供有力帮助。例如撰写工作计划、工作总结报告、教学质量评测报告等，高效完成各类事务性工作。

## （2）优化教学评估

ChatGPT基于数据分析、自然语言处理等方面的优势，可以为教育评价体系的智能化转型提供支撑。传统的教学模式构建的是基于统一教材、统一试卷、统一评价标准的教育评价体系，该评价机制较为简单，不利于学生的个性化发展。而ChatGPT的应用，可以对学生的作业进行实时评分，并实现对不同学生的个性化诊断，进而给出有针对性的学习策略。

从现阶段看，ChatGPT已经具备了与用户流畅交流并回顾过往话题的能力，由此，如果基于这一特点对其进行专门训练，就能够在教学诊断中发挥重要作用。ChatGPT在与学生交流互动的过程中，可以获取到教学诊断相关的信息，并通过信息分析了解学生的学习情况，例如薄弱知识点在哪里、问题解决思路是否正确等，从而给出有针对性的提升建议。另外，ChatGPT也可以辅助教师进行教学质量评估，及时改进不足之处。

## （3）基于ChatGPT的课堂助教

ChatGPT可以扮演课堂助教的角色，主要价值如图4-2所示。

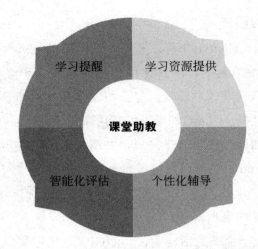

**图4-2　基于ChatGPT的课堂助教的主要价值**

① 学习资源提供

ChatGPT可以提供基础知识讲解、案例分析、教科书摘要、学习指南、学术论文参考等多种学习资源，从而帮助学生提升认知，加深对知识内容的理解和记忆，帮助教师准备教案、筛选教学素材等。

② 个性化辅导

ChatGPT基于对学生学习情况的评测结果，提供个性化的辅导方案和能力提升建议。例如基于不同学生对基础知识的认知情况提供对应难度的练习题。

③ 智能化评估

ChatGPT除了可以自动批改作业或随堂检测试卷，还可以基于正确率、语言表述、解答思路、历史数据对比等多个方面的信息，对学生的学习情况进行综合评价，及时反馈并解决学生在学习过程中遇到的困难。

④ 学习提醒

ChatGPT可以实现课程计划安排、作业布置、测评结果反馈等的自动推送，这可以简化沟通流程，促进学生自律能力和良好学习习惯的养成。

总之，ChatGPT可以为课堂教学活动提供有力支撑，并驱动学习目标、教育目标的实现。而要使ChatGPT在教育领域真正发挥效用，还需要教育者和相关研究者共同努力探索，充分挖掘ChatGPT的功能优势，调整教育教学模式，实现智能系统与教学全流程的融合统一、高效协同；

同时，也要注意对智能化教学参与主体的隐私保护和教学实时相关数据的安全性保障，从而使智能系统更好地为教育改革、教育实践服务。

## 4.1.4　ChatGPT在教学工作中的应用场景

人工智能的发展将为社会经济发展带来深刻变革，教育领域的智能化、数字化转型无疑将成为未来发展的重要趋势。人工智能可以赋能教育技术的创新与变革，但同时也伴随着新的问题，因此教育者应该基于对人工智能的充分理解而进行智能技术的应用探索。

ChatGPT最早是在自然语言处理模型GPT-3的基础上优化产生的，它可以根据用户输入的需求内容（例如撰写营销文案或编写程序代码等）输出文本或代码，或回答用户的一系列问题。它的突出特点在于能够像真人一样进行场景对话或主动引导对话，在交互过程中表现出了以往的智能机器人所不具备的灵活性、创造性。目前GPT-3已经迭代到GPT-4，ChatGPT的交互性能大幅提升，功能进一步拓展，且稳定性更强、可靠性更高。

以下我们将对ChatGPT在教学活动中可能出现的三种应用方式进行阐述，分别为设计对话场景、作为虚拟教学助理、生成教学内容，如图4-3所示。

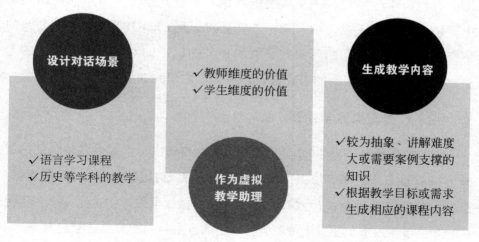

**图4-3　ChatGPT在教学工作中的应用场景**

### （1）设计对话场景

对话场景即特定交流对话活动发生的环境或背景，比如工作场合、日常生活情境、互联网社交媒体等。在演讲、公开采访等部分非常规的对话场景中，可能需要有目的性地进行语言表述、逻辑思维等方面的训练，从而在特定的复杂环境中流畅地表达自己的观点。ChatGPT可以通过创设特定对话场景，辅助学生进行沟通能力、表达能力的训练，同时提升认知，积累相关知识经验。

例如，在语言学习课程中，教师可以利用ChatGPT设定一个特定的对话场景（如商场购物、医院看病、餐厅点餐等），同时给出提示或对话要求（如需要运用的单词、参与者所扮演的角色等），以此鼓励学生与ChatGPT进行对话。学生在对话过程中可以通过自主思考、组织语言获得提升，也可以根据ChatGPT的回答了解相关事物的正确表述。而且，整个对话过程可以被准确全面地记录，由此教师可以根据学生的表现对其学习情况进行评估。

构建对话场景这一教学方式不局限于语言学习，还可以在历史、地理、哲学等学科的教学中加以应用。教师可以将教学内容引入到ChatGPT中进行场景构建，例如在历史教学中，教师可以用ChatGPT模拟某一个历史人物，学生通过与历史人物的对话，了解其思想、所生活时期的历史环境等；在物理或化学课堂中，教师可以用ChatGPT模拟某一领域的研究人员，向学生介绍所研究领域的相关知识，如对某一经典理论的看法，或具体情境下采用的研究方法、所取得的研究成果等。

### （2）作为虚拟教学助理

虚拟教学助理主要是指在教学活动中为教师或学生提供各种帮助的智能虚拟机器人，它能够提供的帮助或服务包括筛选教学资源、问题答疑、提供学习建议、数据统计或教学评价等。虚拟教学助理的运用，有利于提高教师的备课效率和课堂质量，培养学生的自主学习能力和思考能力等。

从教师维度来看，首先，虚拟教学助理可以帮助教师完成大部分琐碎的、重复的事务性工作，例如点名、签到、课程安排等；其次，具有自然语言处理系统的虚拟教学助理可以辅助教师出题、组卷；再次，虚拟教学助理可以在考试结束后对学生的答题情况进行分析总结，同时为教师提供改进方法和指导性意见，从而为教学活动的开展提供有力支撑。

从学生维度来看，虚拟教学助理能够提供的帮助主要体现在学生自主学习的过程中。比如，虚拟教学助理可以为学生提供一些疑难问题的解答，并给出多种详细的解题思路；虚拟教学助理能够辅助学生复习所学知识点，通过交流探讨的方式加深对知识的认知与记忆；虚拟教学助理可以提供海量的学习资源，为学生自主进阶学习提供条件，进一步完善知识体系；在必要情况下，虚拟教学助理还可以为学生提供心理辅导或精神激励等。

### （3）生成教学内容

教学内容主要是指围绕教学目标从各学科庞大的知识体系中筛选出的部分知识信息，文字、图片或音视频等媒体素材是其主要载体。教学内容的选择既要求符合相应年级段学生的认知水平，容易理解和记忆，还要深入浅出、形成体系；同时，从内容表现形式来看，教学内容需要具有一定的可读性、趣味性，以激发学生的学习积极性。教研人员可以利用ChatGPT来生成教学内容，或以之为参考，获得编纂教材的灵感和创意。

如果教师在备课过程中，认为某些知识内容较为抽象、讲解难度大或需要案例支撑，就可以借助ChatGPT，获取更为合理的、通俗的解释方法，或根据教学目标或需求生成相应的课程内容。例如，语文学科的教师在备课时，可以用ChatGPT生成一些与课文有关的历史背景、作者事迹或诗歌等，以便补充说明，帮助学生发散思维；英语学科的教师可以根据需要教授的单词、语法等内容，利用ChatGPT快速找到一系列例句，帮助学生理解记忆；在数学学科教学中，ChatGPT可以为教师提供大量关于定理、证明的解析案例，供学生学习参考。

# 4.2 ChatGPT技术驱动的教育数字化转型

## 4.2.1 价值理念：积极拥抱新技术

现代信息技术、智能技术的发展深刻影响了人类社会的各个方面，在教育领域，研究者们密切关注着数字技术为教育行业带来的变化。从长期的教育转型实践经验中我们可以知道，要以全要素、全领域、全流程、全业务的数字化转型作为教育转型的核心。

教育数字化转型的内涵首先包括教学方式的转变，即从传统的人工教与学转变为有各类数字技术有机参与的教与学的过程；其次，是教学方法创新推动数字化教育意识、教学思维的发展，从而提升受教育者在数字化环境下的学习能力；最后，基于数字化教育方法的普及与教育观念转换，形成教育发展新生态，构建并不断完善新型数字教育治理格局。

教育数字化转型的实现离不开以ChatGPT为代表的智能工具的支撑，它可以促进教育活动参与主体与新型教育技术的有机融合，驱动教育领域各要素（包括教学场景、教学流程、教学模式、教育评价与治理等）的转型与重塑。可以说，ChatGPT等智能工具在教育领域的应用，可以为我国数字化转型提供良好的技术条件。

将智能技术运用于教育活动中，不仅是实现教育模式转型创新的基本方法和必然要求，也是对先进教学理念的积极探索。但就现阶段来说，人们对ChatGPT等智能工具在教育领域的应用尚存在争议，一部分学者对其持否定态度，认为：

● 从本质上来说，ChatGPT等智能工具工作的过程就是对既有数据信息进行高度整合的过程，但机器本身不能识别信息的真伪，其输出的结果虽然符合算法的运算规则，但不一定符合教育理念下对信息质量的要求，也无法确保信息的正确性。如果学生不具备对信息的辨别能力，则可能会适得其反。

● 机器的运用有可能使研究者、学习者形成思维惰性，不利于发扬积极主动思考、持之以恒的探究精神；同时会助长学术不端的不良风气，阻碍教育创新，为人类知识、文化创新带来消极影响。

● 随着智能技术的深化应用，ChatGPT等智能工具可能取代包括资深教师在内的人工岗位，进而引起教师对智能工具的抵制，这不利于教育模式的转型。因此，在引入智能技术的过程中，需要从实际教学需求出发，渐进地推进教育技术数字化，厘清应用智能工具的指导思想，找到传统教育模式与数字化教育模式之间的平衡点，避免因技术应用的矛盾带来不可预知的消极影响。

教育生态的构建需要充分考虑其参与主体——教育者和受教育者的诉求，依托于ChatGPT等智能工具的教育模式的发展与其他行业领域不同，该教育模式是与人的认知观念、教育理念、发展要求和社会发展紧密联系的。而推进动态发展的智能技术与教育领域的有效融合，需要正确的价值理念的指导，以确保教育数字化转型朝着正确的方向迈进。由此，教师作为现有教育模式的主导者，需要积极转变价值理念、更新教育理念。

教师应该摒弃对智能工具的抵触情绪，从智能工具在教学效率、教学情景构建等方面的优势出发，积极提升自身信息素养，思考如何使智能工具更好地服务于教育教学活动，例如提高备课效率、完善教案、开展个性化多元化的教学实践等，实现教学活动与智能教育技术相长的教育模式转型，从而推进教育目标的实现。

此外，在数字技术蓬勃发展、各类数字信息快速传递的时代背景下，学生的思维模式、对知识信息的接受方式也会发生巨大变化。教师应该有意培养和提升学生自主学习、自主思考的能力，使学生认识到自身的学习责任主体地位，从而在纷繁复杂的信息社会中坚持自我教育、自我提高。同时，在道德教育、伦理教育方面，教师也需要辅助学生提升自我判断能力，使其能够合理、合规、合法地利用智能工具提升学习质量。

## 4.2.2　课程内容：实施探究性学习

长久以来，传统教育的主要目的涵盖三个层面，分别为知识获取、思维训练及观念构建，知识获取是观念构建的基础，思维训练则是在知识获取到观念训练的过程中实现的。学习者的经验、知识的获取依赖于课程内容，为了确保实现教学目标，需要依据特定的教育价值观对课程内容进行筛选，可供筛选的课程内容要素包括概念、原理、方法、技能等。

在当前的教育模式中，虽然有一定的创新改革要素，但教学过程中仍然是以教师为主导，教师是教学设计、课堂讲授等教学活动的核心。久而久之，学生在教师主导的课堂中，逐渐形成了依赖于外界刺激的、被动的知识接收方式，学生对于知识积累与知识应用缺乏主动性，不利于培养学生积极主动学习的习惯。

近几年，随着计算机技术、人工智能算法技术的进步，以ChatGPT为代表的新型智能工具在绘画、写作、智能问答、编程等领域落地应用。ChatGPT基于其强大的语言处理能力，能够顺畅地与人类交流互动，并高效地生成各类需求文本，它虽然无法完全复制人类的逻辑思维能力和深度分析能力，但也可以较好地满足多样化的写作、问题解答等要求，从而为学生提供帮助。

传统的课程评价以学生对基础知识的掌握情况为主要评价内容。在互联网信息时代，学生获取知识信息的渠道大大拓展，可以便捷地获取到各类概念性知识、事实性知识。传统的课程评价方式和接受型学习模式已经难以满足快速增长的教育需求，学生不仅要掌握概念性、基础性知识，还要掌握程序性知识，自主构建较为完善的知识体系框架。而学生对知识类型需求的转变，将有力推动原有学习模式向探究性学习模式转变，促使学习思维能力进一步提升。

对课程内容的选择是影响课程质量的重要因素，也是课程开发的基础环节，教材或书本是主要的课程内容载体。在新的人本主义教育理念引导下，教育课程改革以学生为出发点，努力推进课程内容与学生学习需求的有机融合。同时，个性化的课程内容也有助于促进学生个体的自由发展与潜能开发。

ChatGPT等智能工具基于其深度学习算法优势和海量的语料训练数据集优势，为学生快速获取知识提供了便利的渠道，传统的侧重知识讲授的教学模式难以适应未来智能化的教育学习需求。因此，教育者、研究者需要积极关注智能教育技术的发展动态，在此基础上进行课程内容开发，更新教学环境，促进"以学生为中心"的教学模式创新。具体要求如下：

a.关于课程内容的选择、开发与实施，不仅要考虑到智能技术辅助学习下的知识深度、知识范围等，还要兼顾理性知识与感性认识的融合，鼓励学生积极参与社会实践，促进学生对自身生活经历和各种社会现象进行深入思考，通过理论与实践的互补融合提升学生的思维能力。

b.在对学生学习效果的考查方面，应该转变原有的侧重对知识认知与应用的考查思路，更加关注知识内容的本质、底层逻辑或基本规律，在学生对知识内容的自主探究活动中发挥导向作用。

c.教育者应该关注学生对知识内容的接受程度，开发能够满足学生全面发展需求的课程内容，以问题探究、小组合作等教学形式激发学生的学习动机，鼓励其自主思考、自主判断与决策。

## 4.2.3　教学过程：变革传统教学思维

教学的最终目标是让学习者获得自主调度知识、运用知识以促进自身发展的能力。教学过程要求促进"教"与"学"的有机统一，并在教学过程中激发学生的学习动力和思维潜力，通过提出问题、改变认知、自主思考、解决问题等流程，使学生掌握有效的学习方法，为学生的全面发展奠定基础。

目前，ChatGPT的对话交互能力渐趋成熟，不仅能够根据输入的文字、图片快速理解情境和用户需求，还可以基于深度学习模型生成逻辑严密、表述规范且具有启发性的内容，这可以有力支撑教学实践创新。ChatGPT可以辅助教师进行教学设计，提升学生学习效能，优化教学过程和教学生态，从而推进教学模式的智能化转型。

长久以来，教育与技术的发展是相辅相成的，现代技术的发展能够驱动教育方法创新，而高效、科学的教育模式，可以培养出更多符合时代发展需求的人才，进而促进基础科学理论的突破，推动科学发展。当前，随着以ChatGPT为代表的人工智能技术的发展，数字化技术工具在教育领域的应用将更加深化，这些智能工具基于极强的适应能力和技术优势，能够在数据分析、知识体系构建、教学方法创新等方面发挥重要作用，并促进教师、学生、机器三者有机统一的教育教学模式的构建。

### （1）丰富学习情境，提升学习效能

ChatGPT等智能工具可以突破物理空间的局限，辅助构建生动、逼真的虚拟化、数字化学习情境。学生在数字孪生、虚实共生的学习场景中，可以通过沉浸式体验等途径，加深对知识信息的理解，提高专注度和积极性，主动参与到整个学习过程中来。同时，依托大数据技术，教师可以对每个学生的学习情况有清晰而全面的了解，从而基于这些数据制定教学方案。

### （2）优化教学过程，培养综合素质

随着数字化技术在教育领域的深化应用，"以学生为中心"的教学模式成为未来教育的重要发展方向，知识内容载体的数字化可以辅助优化教学方法、教学评估与考核机制，以改善甚至解决现有教育模式中存在的"痛点"，例如过分关注学生的考试成绩而忽视其批判性思维、创造性思维的养成，过分关注升学率而忽略对学生的个性化教育等。

在课程准备方面，教师可以基于ChatGPT等智能工具在内容生成方面的优势进行教学设计，包括教学方案撰写、创作型教学素材生成、教学活动规划等。同时，智能系统能够替代教师随时实地为学生解答各种知识性问题，弥补了教师只在固定场合、固定时间与学生交流互动的局限。

由此，ChatGPT等智能工具能够突破日常教学活动中教学场所和班级制授课模式的限制，基于算法模型为学生提供实时的、精准的、全方位的教学服务，在帮助学生提升学习积极性和学习效率的同时，有针对性地对学生的思维能力、知识掌握能力、情景感知能力等进行训练。

### （3）创新测评方法，构建多元智能测评体系

目前，我国的教学评价方法还未能完全摆脱应试教育的烙印，在激烈的社会竞争中，对学生成绩、升学率的过分关注是学校教学评价活动中的普遍现象，这不利于学生的全面发展和核心素养的养成。而且，随着信息技术的发展，考试中的作弊行为将更加难以被察觉或遏制，考试不再是最理想的教育评价方法。而 ChatGPT、大数据等智能工具的引入，可以促进教育测评方法的多元创新，输出更为准确、科学、全面的教学测评结果。

智能化的综合测评体系可以将测评的重点转移到教学过程、学生综合素质评估等方面，而非以升学率、考试分数等指标表现出来的终结性评价方面。通过对学生日常上课情况、互动情况、随堂测验成绩等方面的综合分析，可以对学生的综合素质、创造力、对知识的理解和应用能力、思维能力等进行动态评价，教师可以根据评价结论调整后续的教学策略，为学生"德、智、体、美、劳"全面发展奠定基础。

## 4.3 ChatGPT在教育领域应用将带来的潜在风险

作为一款出色的聊天机器人程序，ChatGPT能够火爆全网不无道理。凭借强大的自然语言处理能力，ChatGPT能够应用于诸多领域并发挥出不容忽视的价值。比如，应用于教育领域，ChatGPT能够颠覆原有的教育和学习模式、重塑教育生态。但与此同时，技术也是一把双刃剑，ChatGPT融入教育领域也会带来潜在的风险。

ChatGPT应用于教育领域将带来的潜在伦理风险可以归结为四个维度，即主体、关系、算法和资源层面的伦理风险，如图4-4所示。

### 4.3.1 主体伦理：智能技术依赖风险

学生作为教育领域的主体，会因为ChatGPT的介入而面临智能技术

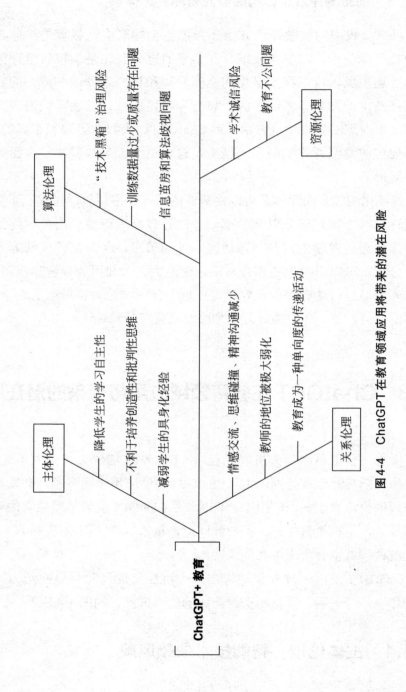

图4-4　ChatGPT在教育领域应用将带来的潜在风险

依赖风险。

### （1）降低学生的学习自主性

在学习的过程中，智能化工具的应用也存在两面性。一方面，智能化工具能够为学生的学习提供便利，帮助学生提高学习效率；另一方面，智能化工具的使用可能会增强学生的技术依赖性，进而减少在学习过程中的主动参与。

目前，ChatGPT不仅具有强大的数据检索和整合能力，能够为学生提供定制化的学习资源，还能够根据需求完成翻译、写作等任务。因此，如果学生长期过度依赖此类工具、习惯于"投喂式"的信息获取模式，必然会降低学习的自主性。

### （2）不利于培养创造性和批判性思维

正确的知识建构模式应该是"通关式"的，即学生通过不断的探索和学习逐渐获取相关知识、建立自己的知识体系。而过于依赖ChatGPT等工具的学习模式则是"捷径式"的，这种学习模式虽然能够在短期内迎合大脑的需求，但却不利于大脑的发育。以写论文为例，如果学生根据主题主动搜索资料，并在理解资料的基础上论述观点，将能够加深对相关知识的理解；而如果学生直接将主题输入ChatGPT中生成论文，极有可能无法深刻理解相关内容，更不利于创造性和批判性思维的培养。

此外，ChatGPT等工具虽然可以根据学生的需求为其推送定制化的学习内容，但与此同时也可能带来信息渠道窄化的问题，不利于学生吸收丰富、全面的知识，进而也不利于思维能力和辨别意识的培养。

### （3）减弱学生的具象化经验

在传统的教育过程中，学生通过亲身实践获得对事物的感知并形成自己的生活经验。由于这个过程需要进行信息的整合、处理和分析，因此也容易形成生动深刻的认知。而在ChatGPT的辅助下，学生能够获得的经验是经过计算机处理的信息，因此可能减弱具象化经验。

而且，随着使用时间的延长，个体会对ChatGPT等工具更加依赖，与外部客观世界接触的机会便会相应减少。届时，学生就成为被技术支配的个体，其实践经验将被不断压缩并逐渐与认知割裂。

## 4.3.2　关系伦理：师生关系的异化风险

教育本质上是一种思维的传授，需要主体之间的互动。ChatGPT应用于教育领域，能够凭借技术方面的优势带动教育领域的改革，但与此同时也会带来关系伦理方面的风险。

ChatGPT以及类似工具的应用，能够极大提升学生学习的自主性、凸显学生的主体地位。AIGC相关技术的进步，使得知识传播的效率极大提高。但与传统的教育模式相比，在依赖ChatGPT的教育模式中，教育已经成为一种单向度的传递活动，教师的地位被极大弱化。实际上，对于学生的学习而言，习得知识的过程与习得知识的结果同等重要。

教育的成果难以被完全预设、需要逐步生成。能够取得理想成果的教学活动不仅是一种技术、更是一门艺术。依赖于具有强大技术优势的工具，原本需要多重互动的教学活动成为单纯的知识传递，教育也就从一种具有创造性的活动成为技术逻辑支配的活动。而且，知识应该是丰富的、具象的、生动的，而非冷冰冰的枯燥理论，学生如果不能深刻理解并灵活运用所获取的知识，那么学习的意义也将大打折扣。

广义上的教育指的是影响人的身心发展的社会实践活动，而对于ChatGPT等工具的依赖将使得教育活动中的互动和教师的权威地位明显下降，情感交流、思维碰撞、精神沟通的减少都会在一定程度上影响教育的成果。目前，随着相关技术的进步，ChatGPT以及其他AIGC应用也已经逐步能够基于仿真技术模拟人类的情感，但这种模拟是数据积累、逻辑模型以及智能算法等运行的结果，无法与真实教育过程中丰富的互动活动相提并论。

另外，虽然ChatGPT能够根据具体的情境进行互动，具有较强的语言和推理能力，但作为一种由人工智能技术所推动的工具，它无法保证能够准确理解语言背后的含义，也不一定能够进行正确的推理和判断。当学习者发送问题时，ChatGPT虽然能够高效给出相应的解答，却无法给予恰当的情感反馈。在教育的过程中，进行知识的传递固然重要，但情感的沟通、思想的碰撞依然重要，恰当的情感反馈不仅有利于提升学生学习的主动性和积极性，也有利于相关知识被深刻理解。过于依赖ChatGPT，将使得囊括知识、情感、价值观等丰富因素的互动和碰撞被简化为预设算法的运行，师生之间复杂、多重的互动也将变为人机之间没有感情色彩的交互，这样不仅会带来师生关系的异化风险，也会使得个体的共情能力大大降低。

## 4.3.3　算法伦理："技术黑箱"治理风险

作为一种由人工智能技术驱动的自然语言处理工具，ChatGPT的功能非常强大。但是从算法伦理的角度来看，ChatGPT应用于教育领域存在"技术黑箱"治理风险。当用户输入要求，ChatGPT给出的答案仿佛来自"技术黑箱"。

在传统的教育过程中，当进行相关内容的讲授时，教师往往会进行详细的阐述或推理，学生也因此能够对相应的内容有清晰深刻的理解。但是，当用户将问题输入ChatGPT后，它虽然能够在极短时间内给出准确、全面的回答，但具体的解答过程却是无法解释的、不够透明的。对于ChatGPT是如何进行运作获得答案，用户一无所知。ChatGPT的运行是基于设计者所构建的算法模型，但关于具体的参数设置等内容并不会公开，因此从这个角度来看，用户实际上并不能判断结论是否准确。

除算法模型外，ChatGPT的运行还依赖于对海量相关数据的学习。但经过分析便不难发现，ChatGPT的学习数据是已经产生的网络数据，这些数据可能存在错误、时效性也不足。尤其是在某些专业性极强的领域，如果ChatGPT所采用的训练数据量过少或质量存在问题，那么生成的答案就可能存在偏差。而且，在存在偏差的信息上积累起来的认知又会让ChatGPT持续生成存在误差的学术文本，从而可能会误导相关研究者和学习者。

同时，由于运行机制设计方面的问题，基于大型语言模型的系统通常都无法避免信息茧房和算法歧视问题，ChatGPT也不例外。信息茧房会使得ChatGPT输出的内容不够准确、全面，而算法歧视则容易放大某些社会问题，不利于学习者正确思维的塑造。

先进的技术无疑能够作为有力的工具，为经济社会发展的各个方面提供助力。但技术的发展实际上也是资本博弈的结果。技术的开发离不开资本，但同时资本的存在又会使得开发出来的工具会不断侵犯用户的部分权益。比如，ChatGPT应用于教育领域能够为用户的自主学习提供极大的便利，但同时也延长了用户上网的时间、增强了其对于技术的依赖。

总而言之，由于ChatGPT等应用是将相关的信息经过整合、筛选、过滤等处理后再传达给用户，用户无法获知过程也无法过滤掉偏差信息，这就有可能造成人工智能对个体进行潜移默化的规训。而且，对ChatGPT等工具日积月累的使用，也会在一定程度上影响用户的思维方式、伦理规范以及情感倾向等，进而对其思维和行为模式产生影响。

## 4.3.4 资源伦理：教育不公与学术诚信风险

目前，ChatGPT已经能够较好地完成撰写论文、邮件、文案等具有一定难度的工作，而且随着相关技术的发展，它能够处理的任务种类必然会越来越多。具体到教育领域，ChatGPT的应用就有可能引发教育不公与学术诚信风险。也就是说，当用户借助ChatGPT完成作业时，一方面其能够参考的资料必然更加丰富翔实，可以获得的分数通常也会比没有借助ChatGPT的同学更高；另一方面其可能直接引用ChatGPT给出的答案，而这将会导致内容剽窃等问题。

首先，我们来分析ChatGPT带来的教育不公问题。随着ChatGPT应用范围的逐渐扩大，目前在美国已经有部分高等院校的学生开始利用ChatGPT完成论文等作业。这样完成的作业虽然质量比较高，但实际上并无法反映学生的真实学习状况，而且与独立完成作业的学生相比，其能够获得的分数优势也是不够公平和客观的，不利于良性竞争环境的建立。因此，纽约大学的部分课程指引中明确提出，使用ChatGPT完成作业的行为属于学术欺骗行为。

在传统教育领域，教育资源分配不均不利于整体教育质量的提升。

ChatGPT等工具的使用，虽然能够在一定程度上缓解教育资源分配不均带来的问题，但与此同时也会导致另一种资源分配不均——数字鸿沟❶。在全球数字化的进程中，对于新兴技术拥有和利用程度的不同都有可能导致信息差距。数字鸿沟可能存在于不同地区、不同年龄以及不同经济水平的个体之间，随着人工智能技术的快速发展，对于ChatGPT的应用也会造成数字鸿沟，进而又可能导致教育资源分配不均。由于不同地区、不同人群能够接受到的数字教育存在差异，学生能够获得的教学资源也具有较大差别。

接下来，我们再来看ChatGPT可能导致的学术诚信风险。当用户使用ChatGPT时，ChatGPT引用的文本、图片等内容往往并未经过授权，而用户如果直接使用这些内容，就有可能引发知识产权纠纷。实际上，随着AIGC应用的逐渐火热，关于其生成内容的版权问题也一直被持续讨论。比如，AIGC产生的内容版权属于哪方？如何针对AIGC进行知识产权保护？AIGC的何种应用属于抄袭？由于ChatGPT的运行存在"技术黑箱"，因此关于用户的个人隐私、相关数据的安全等问题均需要进一步探索。

在教育领域的应用中，ChatGPT一方面能够为用户提供相关信息，另一方面也会自动收集与用户相关的信息，而这种交互可能会因为不可控因素造成用户信息泄露、教育资源被挪用等，继而引来安全风险。可以说，快速发展的AIGC技术使得学术道德、版权保护等教育领域的问题变得愈加复杂，也使得数字鸿沟问题愈加突出。

# 4.4 ChatGPT在教育领域应用风险的治理路径

ChatGPT在教育领域的应用面临多方面的潜在风险，对这些风险的化解程度实际上也就决定了AIGC的发展前景。要化解风险，首先应该建立人工智能与教育的良性关系，将教育从人工智能技术的控制对象转变为可以与人工智能共同成长的角色，如图4-5所示。

---

❶ 数字鸿沟：digital gap，又称为信息鸿沟，即"信息富有者和信息贫困者之间的鸿沟"。

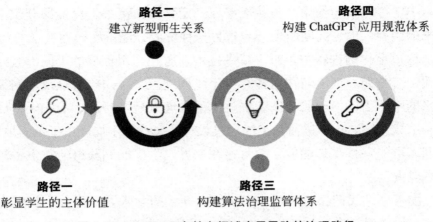

**图 4-5　ChatGPT 在教育领域应用风险的治理路径**

## 4.4.1　路径 1：彰显学生的主体价值

人工智能技术在教育领域的应用，应该彰显学生的主体地位，也即厘清教育的育人本质。对此，教育领域的相关机构和个人应该主要从以下两方面入手。

其一，学校作为教育的主要阵地，应该积极与人工智能技术相融合，并借助技术的力量推动教育模式的转变和教育领域的数字化转型。人工智能工具的应用虽然可能存在风险，但其凭借强大的技术优势仍然可以有效提升教育的效率和质量，因此人机协作模式也将是未来教育发展的重要趋势。对此，学校需要培养学生对数字技术的认知和数字工具的掌握能力，使其能够熟练运用ChatGPT等工具辅助学习；培养学生的学术诚信意识，使其具备较强的道德规范和自律意识。在人工智能时代，学校教育的重点除了相关学科的学习外，也应该重视与人工智能密切相关的适应性学习，让学生能够正确应用人工智能工具，真正实现"以道驭技"。

其二，教育的本质是育人，学生是教育的主体。因此，进入人工智能时代，教育者更应该关注人的尊严和价值。虽然ChatGPT等工具能够高效完成具有较高难度的任务，但并不意味着个体的创造力不再重要。因此，为了充分发挥学生的社会性、责任感和创造力，学校需要创新教学模式，丰富教学活动，改变单一的作业形式，从多个维度对学生的素养进行评价；鼓励学习者在知识获取的过程中进行更多实践、体验和探索，使其不仅能够高效获取知识也能够深刻理解并灵活运用知识；培养学生的沟通能力、创新精神和批判思维，为社会提供高素质人才。

## 4.4.2　路径2：建立新型师生关系

关于教育的本质，德国存在主义哲学家卡尔·西奥多·雅斯贝尔斯（Karl Theodor Jaspers）认为，教育是一种能够通过主体之间的文化交互而进行精神建构的活动。在教育的过程中，不仅知识的传授至关重要，精神的沟通和情感的关怀同样至关重要。ChatGPT应用于教育领域，虽然可以作为知识传递的工具，但却无法进行真正的情感关怀，因此在人工智能时代，亟须建立新型师生关系，重视人文关怀在教育中的价值。

教师在教育的过程中起主导作用，不仅是教学活动的设计者、实施者和评估者，也是学生身心发展过程的教育者、领导者、组织者。随着AIGC技术的崛起，教师不仅应该主动提升自己的教育水平，也应该提升对智能工具的驾驭能力，并致力于成为可以"人技合一"的智慧型教师。AIGC工具可以优化教师的知识体系和教学水平，进而推动教育的智慧化改革。同时，工具的使用也可以有效提升教师的教学效率，使教师有更多的时间和精力关注学生精神、人格和价值观的塑造。

教学是一门艺术，教师从事的也不是简单的技能型工作，而是一种需要创造力、同理心的活动。要建立新型的、能够适应人工智能时代的师生关系，教师需要了解每个学生的学习特点，有针对性地进行因材施教，提高整体教学水平；关注学生的内心世界和情感需要，成为学生成长道路的"引路人"；充分利用AIGC工具为学生建立良好的学习环境，使学生既能借助工具高效获取学习资源，也能通过师生互动深刻理解学习内容。

## 4.4.3　路径3：构建算法治理监管体系

所谓智能算法，即模仿人类思维方式解决问题的一种计算机算法。因此，智能算法是人工智能领域发展的重要基础。

从表面上来看，AIGC输出结果的运行过程是自动的，其输出的结果也是客观的，比如ChatGPT的具体工作原理等并未公开。但实际上，AIGC运行依赖的智能算法需要遵循人工编译的法则，并能够反映编译者的思维倾向和价值观。因此，为了有效监控智能算法、构建算法治理监管体系，就需要鼓励人工智能技术开发过程的民主、透明和开源，对于AIGC底层的生成逻辑和算法逻辑等进行不同程度的公开。此外，还需要进一步加强技术创新和算法研究，进而推动AIGC相关应用可靠性的提升。

为了保障新兴技术的健康发展，完善相应的问责制和政府监管机制至关重要。具体到ChatGPT等工具在教育领域的应用，一方面应该将相关的法律问题整合到应用的算法程序中，使得智能算法的运行兼顾法律层面的内容；另一方面可以在工具真正投入使用之前组织跨学科的专家对其智能算法进行核查，及早发现其中可能存在的问题并及时处理以避免造成不良影响。此外，对于AIGC生态体系中的参与者而言，在AIGC工具如雨后春笋般涌现的同时，也可以另辟蹊径研发能够检测AI生成作品的工具，避免AIGC工具生成存在道德偏见、法律风险等的内容，更有利于健康生态的构建。

除以上提到的完善智能算法、加强治理监管等自上而下的措施外，防范ChatGPT等工具在教育领域的应用风险也可以从用户端出发，加强用户对智能算法的理解和认知。如果学生用户在使用ChatGPT等工具的过程中能够对其智能算法的运行机制有比较准确的理解，那么他们也就能够更合理地利用工具。

## 4.4.4　路径4：构建ChatGPT应用规范体系

除以上提到的内容外，要尽可能规避ChatGPT等工具在教育领域的应用风险，尤为重要的一点在于构建应用规范体系。

从教师引导层面来看，教师应该在学生使用ChatGPT的过程中给予正确的引导。虽然ChatGPT可以作为有力的学习工具，但学生在使用时也不能无限制地使用，过于依赖此类工具。最适合学生的学习应该是根据其"最近发展区"而设置的，这让学生既能够不断进步也不会因为学习内容难度过大而产生畏难心理。ChatGPT等工具虽然可以基于对用户的分析为其推送学习资源，但这种推送基于智能算法，可能导致学生盲目依赖碎片化学习。因此，教师一方面应该鼓励学生合理运用ChatGPT等作为学习的工具，另一方面也需要监督学生的学习过程并给予及时的引导。

从教学评估层面来看，随着ChatGPT等工具在教育领域的应用逐渐深入，教育不公和学术诚信方面的风险就难以避免。对此，学校和教师可以对传统的教学评估模式进行修改，改变过去主要侧重知识的评价方式，可以借助人工智能技术完善教学规范与标准，并从多维度对学生进行考查和评价，如创新思维、批判性思维等。多维度的考核评价不仅能够有效避免学术诚信风险，而且也有利于培养高素质人才。

从社会监管层面来看，为了尽可能避免AIGC相关的知识产权纠纷，政府相关部门应该加强与企业之间的合作，对AIGC的应用场景进行划分，并建立健全与AIGC配套的标准规范体系。此外，还需要提前制定技术防弊、合法性检查等措施，以应对知识产权纠纷的发生。

从文化氛围塑造层面来看，科研机构、出版机构等均需要以更多诚信的方式使用ChatGPT等工具，只有这样才能够为ChatGPT在教育领域的应用创造更为健康的环境。比如，科研机构对于引用或参考自ChatGPT的内容要进行公开说明，从数据安全的角度来看，科研机构也可以根据需要开发机构内部使用的AIGC工具；出版机构在图书等作品中也应该就ChatGPT使用的程度进行说明，以避免"权责不清"或知识产权纠纷的发生。

ChatGPT的横空出世和火爆全网足以说明，AIGC领域具有巨大的发展潜力，其与多个领域相融合均能够推动该领域的变革。以ChatGPT在教育领域的应用为例，与教育相关的各个环节如教学管理、教学评价、师生关系、教学模式、课程设计等均会面临重大变革。因此，教育领域的从业者一方面需要积极拥抱这种变革，另一方面也需要认清工具的地位，避免被工具所"奴役"。

实际上，技术的价值主要取决于我们如何看待并如何使用技术。纵观教育领域的发展史不难发现，教育领域的每一个变革均伴随新工具和新技术的应用。当前，国际形势复杂多变，高素质人才的培养也刻不容缓，ChatGPT在教育领域的应用有助于培养兼具自主意识和创新能力的人才。

Web
3.0

第5章

元宇宙＋智慧
教育

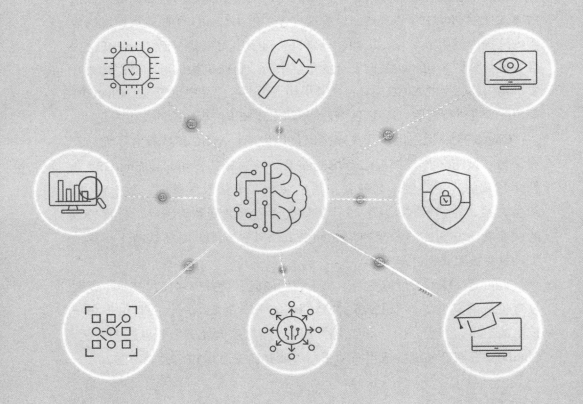

# 5.1　元宇宙教育：构建虚实共生的教育模式

## 5.1.1　前世今生：元宇宙发展简史

元宇宙指人们利用数字技术构建出的基于现实世界的虚拟世界。元宇宙技术融合了5G、物联网、人工智能、云计算、区块链、虚拟现实等多种先进技术，能够打造与现实世界中的物理空间交互的虚拟空间。

2006年，哈佛大学、阿肯色大学、麻省理工学院等高等院校和谷歌、微软、林登实验室❶等互联网企业共同创立加速研究基金会（Acceleration Studies Foundation，ASF）。2007年，ASF宣布开展元宇宙路线图项目，并发布《元宇宙路线图：通往3D网络之路》，对元宇宙的概念、分类、发展现状、发展路径和挑战等进行深入研究，并将广义的元宇宙划分为增强现实、生命日志、镜像世界和虚拟世界四种形态，指出元宇宙的发展将会改变社会形态，同时也能够为商业发展提供支持。

2017年，币基（coinbase）联合创始人弗雷德·埃尔扎姆（Fred Ehrsam）在《虚拟现实将会是区块链的杀手级应用》一文中表示在Facebook和World of Warcraft等由中心化组织所运营的虚拟世界中，运营方能够篡改用户的个人信息，剥夺用户的虚拟资产和身份账号，难以充分保障用户的权益，并提出将区块链技术融入元宇宙的想法。

随着元宇宙受到的关注越来越多，虚拟货币、虚拟资产、虚拟身份和NFT等元宇宙相关内容也逐渐成为人们关注的热点，部分科技工作者开始借助融合了区块链技术的以太坊在区块链上处理Decentraland、Cryptovoxels等元宇宙项目。

2020年，元宇宙已经成为未来信息技术发展的重要趋势，同时也成为各国政府、行业企业、金融机构、城市建设部门等多方关注的重点内容：

---

❶ 林登实验室：即Linden Lab，是Second Life（第二人生）的母公司。

● 各国政府积极采取相关措施推动元宇宙产业快速发展，比如，美国、日本等不断加快元宇宙产业的布局速度，韩国也通过建立元宇宙发展联盟的方式为元宇宙产业的发展提供支持。

● 各个行业对元宇宙的关注度持续上升，试图借助元宇宙技术解决行业内的各类难题，力求通过元宇宙技术的落地应用来推动整个行业实现创新发展。

● 银行等金融机构开始在元宇宙产业布局，比如，韩国国民银行通过在元宇宙构建的虚拟世界中设立分行的方式来为客户提供虚拟化的客服服务。

● 城市建设部门开始将元宇宙技术融入城市建设工作中，利用元宇宙为城市建设工作赋能，比如，2021年9月，韩国首尔市正式公布《首尔愿景2030》，并在该文件中指出要将元宇宙融入经济、教育、旅游、通信、城市、行政和基础设施等多个领域，利用元宇宙优化城市服务。

● 医疗卫生行业开始借助元宇宙来提升医疗卫生水平，比如，2021年，以色列索罗卡医疗中心将元宇宙技术应用到医疗手术中，并成功完成了以色列首例连体双胞胎头部分离手术。

● 工业领域的部分企业已经将元宇宙技术运用到工业生产中，比如，宝马集团将Omniverse元宇宙应用到量产工厂当中，并借助虚拟的工厂来进行实时仿真协作，提高自身在工业制造方面的智能化水平。

现阶段，元宇宙在各行各业中的应用日渐广泛和深入，国内外的教育机构和教育专家也开始展开对信息技术在教育领域的应用相关的研究，并思考元宇宙在教育领域的应用前景。比如，美国政府虚拟现实政策问题及Facebook CEO顾问杰里米·拜伦森（Jeremy Bailenson）认为，教育是元宇宙的重要应用场景；德国亚琛工业大学的弗兰克·皮勒（Frank Piller）教授认为，元宇宙教学能够为学生提供沉浸式的学习体验，获得优于网络教学的学习效果；希腊帕特雷大学自然科学学院教授斯蒂利亚诺斯·米斯塔基迪斯（Stylianos Mystakidis）认为，元宇宙在教育领域的应用能够大幅提高教育的民主化程度，为世界上所有学习者进行共同学习提供支持。

## 5.1.2　元宇宙教育的概念与特征

　　元宇宙教育是融合了元宇宙技术的教育，能够以虚实结合的方式为学生提供沉浸式、交互式、体验式、协同式的学习体验，帮助学生切实感受学习过程，提高学习能力和感知能力，进而实现高效教学。

　　元宇宙教育具有虚实融合的教学环境、教学场景、教育资源、教育服务空间、多模态信息环境和灵境式拟实体验环境，能够高效整合现实世界和虚拟世界中的各类教育资源，并利用这些教育资源对各项教育教学活动进行优化升级。同时教师也可以在元宇宙空间开展各类教育教学活动，为学习者提供个性化的教育服务，达到优化教学效果的目的；学生则可以借助各类虚拟化、智能化、伴侣式的学习辅导工具学习各项知识和技能。

　　元宇宙技术在高等教育中的应用打破了传统的教育模式，提高了教育资源的多样性和教育服务的针对性，能够帮助教育行业取得更好的教育效果，实现创新发展。

　　具体来说，元宇宙教育主要具备以下几项新的特征，如图 5-1 所示。

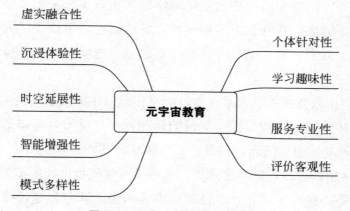

**图 5-1　元宇宙教育的主要特征**

　　a.元宇宙教育具有虚实融合性，能够通过为教师、学生等教育活动参与者打造数字孪生体并交互融合的方式来开展教育教学活动，充分确保教育的针对性和有效性。

　　b.元宇宙教育具有沉浸体验性，能够充分发挥虚拟现实、增强现实和混合现实（Mixed Reality，MR）等技术的作用，构建虚拟的教学场景和学习空间，为教师教学和学生学习提供虚拟化的空间，让教师和学生能够在虚拟空间中沉浸式体验各项教育教学活动，进而优化教学效果和学习体验。

c.元宇宙教育具有时空延展性，能够有效提高时空的连续性，跨越时间和空间为各项教育教学活动打造符合其教育内容和教学需求的教学场景，最大限度地优化教学效果。

d.元宇宙教育具有智能增强性，能够通过人机协同的方式来促进现实世界中的教师和虚拟世界中的数字人教师协同作用，共同完成教育教学工作，提高教学的智能化程度，充分确保教育服务的针对性、智慧性和高效性。

e.元宇宙教育具有模式多样性，能够以学生为主体开展教育教学活动，并提供多样化的教学方法和场景化教学、沉浸式教学、体验式教学、互动式教学和游戏式教学等多种教育模式，进而增强课堂教学和项目学习的有效性。

f.元宇宙教育具有个体针对性，能够根据各个学习者的用户信息为其绘制用户画像，并专门打造数字化的学习伴侣，实时采集各个学习者的教育需求等信息，并以此为依据有针对性地制订学习计划，为学习者提供个性化的教育资源、学习方式等教育服务，进而助力教育行业实现个性化教育。

g.元宇宙教育具有学习趣味性，能够在虚拟化的教学场景中为用户提供多种多样的教育游戏，提高学习的趣味性，让学习者可以通过游戏的方式学习新的知识和技能，获得更好的学习效果。

h.元宇宙教育具有服务专业性，能够整合现实世界和虚拟世界中的各项教育资源，提供专业化、个性化的教育服务。同时元宇宙虚拟大学和虚拟联合学院等虚拟教育机构也能够为社会学习者提供充足的学习空间和教育资源，帮助社会学习者实现终身学习，并驱动智慧教育服务产业快速发展，激活教育人才市场，为教育行业提供更多新的岗位。

i.元宇宙教育具有评价客观性，能够充分发挥大数据分析、人工智能等先进技术的作用，并根据学习者的反馈等信息对教育服务的各个参与方进行过程性评价和综合性评价，同时也能够充分确保评价的客观性和准确性，为教育服务的参与者了解学习者的学习状态和学习效果提供方便。

## 5.1.3 元宇宙教育服务的六大类型

近年来，教育领域开始通过元宇宙教育来创新教育形态，提高教育场景的丰富性。元宇宙教育的落地为教育服务的发展提供了强大的驱动力，元宇宙教育服务能够在利用元宇宙技术构建的教育环境中为各个教育教学活动的参与者提供智能化的教育服务，帮助学生提高学习效率，获得更加优质的学习体验，同时也能帮助教师提高教学质量、教学效率以及教学价值。

具体来说，元宇宙教育服务大致可分为学习者服务、教育提供方服务、学习内容服务、系统与设施保障服务、元宇宙教育服务平台和教育评价与质量保障六部分，如图5-2所示。

**图5-2　元宇宙教育服务的六大类型**

### （1）学习者服务

元宇宙教育服务可以围绕学习者整合各项教育资源，根据学习者的各项相关信息为其绘制学习者画像和学习者知识图谱，并构建对应的数字化身，在此基础上为其提供智慧学习伴侣、学习需求感知、个人学习空间体验和课程学习过程导学等多种个性化的教育服务。

### （2）教育提供方服务

元宇宙教育服务可以集中整合教师、虚拟教师、教师教育服务方式、虚拟教师教育服务方式、元宇宙教育资源、元宇宙教育服务网、元宇宙教育设施、元宇宙教育模式库、虚拟教育中心、虚拟教室与虚拟教学场景、第三方教育服务平台和第四方教育服务平台等多种教育资源，为教育提供方提供多样化的智能教育服务。

### （3）学习内容服务

元宇宙教育服务包含虚拟仿真实验课程、基于虚拟空间的元宇宙开放课程等多种课程和与各项课程相关的课件、元宇宙教育的数据资源、元宇宙教育的知识服务、典型教学案例库服务、知识体系与课程体系学习导引服务等各项教育服务，能够为教育教学活动的参与者提供多种多样的教育内容和知识服务，并利用数据库、资源库和知识库对各项教育内容和学习内容进行管理。

### （4）系统与设施保障服务

元宇宙教育服务可以向学校和教育机构提供元宇宙基础设施服务、元宇宙虚拟空间管理服务、元宇宙虚拟时间管理服务、元宇宙教学场景构建与维护、元宇宙教育系统安全性与隐私性保护服务、元宇宙教育系统性能评价与可靠性保障等多种系统和设施保障服务，充分确保元宇宙教育生态系统运行的安全性、可靠性、有序性、稳定性和高效性。

### （5）元宇宙教育服务平台

元宇宙教育服务平台具有去中心化、松耦合和分布式存储等特点，元宇宙教育需要利用元宇宙教育服务平台来完成用户管理、供需匹配、服务提供、服务资源管理、服务方案构建、服务系统管控、跨时空服务聚合等诸多工作，同时元宇宙教育也可以借助元宇宙教育服务平台来提高不同网络、不同地域、不同世界之间的协同性。

### （6）教育评价与质量保障

元宇宙教育具有教育评价与质量保障功能，能够利用元宇宙技术构建教育资质认证与教学质量保障体系和基于大数据以及不同维度、不同要素的全过程教育质量保障与学习成效评价体系，并为教育教学活动提供以区块链和NFT技术为基础的学分认证服务、学历认证服务和资质认证服务以及服务价值度量服务、教育服务标准规范管理服务、教育服务评价与改进服务等多种服务，并充分确保各项评价的全面性和准确性。

不仅如此，元宇宙教育服务还能够构建元宇宙教育生态环境与治理体系，完善元宇宙环境下政产学研融合体系，升级服务型教育经营模式与经济管理体系，优化元宇宙教育组织与信用体系和元宇宙教育政策体系，促进元宇宙教育国际合作体系等各个相关教育体系创新发展。

## 5.1.4　元宇宙教育服务的生态体系

从功能上来看，元宇宙教育服务生态体系主要包括学习环境、教学环境、资源环境和平台环境四部分，如图5-3所示。

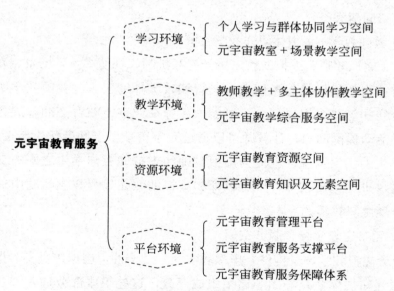

图5-3　元宇宙教育服务的生态体系

### （1）学习环境

学习环境大致可分为个人学习与群体协同学习空间和元宇宙教室+场景教学空间两大类。

① 个人学习与群体协同学习空间

包含学习伴侣、虚实混合学习空间、学习用品与条件设施、学习者画像及知识图谱、虚拟研讨室和数字黑板、讨论与交互辅助工具等诸多组成部分，既能为学习者的自主学习提供个性化的学习环境，也能为学习者之间的交流学习和研讨提供群体协同的学习环境。

② 元宇宙教室+场景教学空间

包含虚实混合教室、现实社会学习环境、交互式虚拟学习接口、教学条件设施、虚拟教学场景等诸多组成部分，能够为教师提供授课所需的教学空间，为学生提供听课的教室空间，进而帮助教师和学生实现体验式教学和沉浸式学习。

### （2）教学环境

教学环境大致可分为教师教学+多主体协作教学空间和元宇宙教育综合服务空间两大类。

① 教师教学+多主体协作教学空间

包含虚拟教师、虚拟助教、情景交互机制、互动式教学场景、教学虚拟研讨室、教学用品与条件设施、智能教学辅助工具、教师教学实践虚实混合空间等诸多组成部分，既能为教师在元宇宙教育空间开展各项教育教学活动提供助力，让教师可以通过元宇宙教学空间向学生传授知识，了解学生的学习情况，也能为虚拟教师和虚拟助教与学生之间的交互提供支持，进而提高教师、虚拟教师和虚拟助教在教育教学活动中的协同性，实现协同教学。

② 元宇宙教学综合服务空间

包含虚拟教学场景构件、虚拟教学元素及构件、虚拟仿真实验课及设施、课程知识体系及导图等诸多组成部分，这些组成部分通常涉及元宇宙教育服务活动的各项机制和设施，能够为元宇宙教育中的教师和学生提供综合服务，充分满足与教师教学和学生学习相关的各项需求。

### （3）资源环境

资源环境大致可分为元宇宙教育资源空间和元宇宙教育知识及元素空

间两大类。

① 元宇宙教育资源空间

包含服务模式库、元宇宙教学数据库、虚拟教学相关元素、教学场景的元宇宙组件等诸多组成部分，这些组成部分能够为元宇宙教学活动和教学过程提供资源和设备设施等方面的支持，进而充分确保元宇宙教育综合服务的有效性。

② 元宇宙教育知识及元素空间

包含专业知识体系与相关元素、多模态教学知识图谱、元宇宙教育空间及其边界定义、元宇宙教学场景与环境的知识元素、元宇宙教育教学活动相关的知识库等诸多组成部分，能够通过知识网和知识库为元宇宙教育提供知识层面的支持。

### （4）平台环境

平台环境主要由元宇宙教育管理平台、元宇宙教育支撑服务平台和元宇宙教育服务保障体系等多个部分构成。

① 元宇宙教育管理平台

包含服务管理、流程管理、资源管理、信息管理、财务管理、规范管理和利益相关者管理等诸多组成部分，能够与服务支撑平台互相作用，为教育行业管理和控制教育服务生态体系提供帮助。

② 元宇宙教育服务支撑平台

具有去中心化的特点，通常包含系统运行管控与重构、服务系统的基本信息库、第三方服务平台及接口、第四方服务平台与接口、元宇宙教育服务空间对外接口、跨网跨域跨平台的服务聚合与互操作等多个组成部分，能够为学校和教育机构通过元宇宙教育服务空间开展跨网跨域跨世界的教育教学活动提供平台和配置层面的支持。

③ 元宇宙教育服务保障体系

包含可靠性保障体系、安全与隐私保护机制、演化与维护保障体系、元宇宙教育服务质量保障体系等诸多组成部分，能够充分确保元宇宙教育服务空间的安全性，为元宇宙教育服务空间的稳定运行提供支持。

# 5.2 模式创新：元宇宙教育应用的实践价值

## 5.2.1 模式变革：打破教育认知的边界

随着信息化、数字化和智能化技术的快速发展，各类先进技术逐渐被广泛应用于各个领域，在教育领域，元宇宙可以借助5G、区块链、人工智能、数字孪生、虚拟现实、增强现实、混合现实等多种先进技术构建基于现实世界的虚拟教育环境，实现现实世界与虚拟世界的智能化交互、人与机器的智能化交互以及学校与社会的智能化交互，全方位提高教育的智能化程度。

具体来说，元宇宙教育具有创新人才培养模式、丰富教育资源、提高学习活动的多样性和促进学习评价实现智能化等功能。与传统教育行业相比，元宇宙教育不受地理空间和线上空间的限制，能够从不同的维度、不同的视角重新搭建教育空间，提高教育空间的多样性，同时也能以现实世界为依据构建出动态和静态两种完全不同的教育活动空间。

元宇宙教育具有重新构建场景空间的能力，能够根据现实空间的相关数据信息还原课堂场景，进而让线下教育脱离真实物理空间的限制，为线下教育提供更多可能性。与此同时，元宇宙教育也可以充分发挥各种先进技术的作用，在虚拟化的场景中以虚实结合的方式实现感官模拟等功能，进而让各个教育主体能够在虚拟的教育空间中获得像在线下课堂中一样的体验。

元宇宙教育能够构建多形态的教育空间，如瞬间传送、幽闭空间、广场空间和超现实空间等，同时也能通过空间重构和空间模拟的方式打破传统教育模式中空间对教育的限制，并借助动作捕捉和虚拟现实等先进技术来模拟现实教育空间中的感官体验，进而达到丰富和拓展人体感官体验的目的。

不仅如此，元宇宙教育还具有转换视角和维度的功能，因此各个教育主体可以从不同的视角和维度来体验各项教育活动，而元宇宙教育对教育思想的影响和对教育场景的重构也能够有效降低各类硬性条件对教育的限制，打破时间和空间对教育的阻碍，从而全方位拓宽教育的维度。

## 5.2.2　学科创新：实现多学科交叉融合

近年来，各科技领域陆续出现革命性突破的先兆，新一轮科技革命将进一步革新各个领域的发展理念，各行各业将综合运用各类先进的科技工具实现智能化、绿色化、国际化，进而在具有强大的技术支撑的基础上迈向富技术时代。比如，元宇宙等技术的快速发展和应用为教育领域带来了创新发展的机会，元宇宙等技术能够革新教学内容、教学形式和教育学科等教育方式。

元宇宙教育中融合了数字孪生等先进技术，能够重新搭建教育场景，将各项应用的维度拓展至三维，并在此基础上打造出服务于用户的教育平台，为用户学习提供方便。对用户来说，使用元宇宙教育平台能够获得沉浸式的学习体验，同时也能充分理解教育目标等内容，并通过各项学习活动来掌握知识，进而降低知识焦虑。

元宇宙教育可以从用户需求出发分别搭建外语对话场景、历史穿越场景等多种虚拟使用场景，并全方位分析整理各学科的知识内容，构建系统化、科学化的学科教育体系，以便为用户提供经过选择处理的知识内容和信息，充分确保教育的有效性。

在各项实际教育活动中，交叉学科屡见不鲜，一般来说，传统教育中的各个学科的知识架构和知识体系大多为平面型脉络，而元宇宙教育中的各个学科的知识架构和知识体系则是立体交叉式结构。学科结构的交叉造成了学科内容的交叉，同时也促进了研究方向和研究内容的创新发展，对现实世界中的各项实际教育活动来说，元宇宙教育中的交叉结构也有效促进了知识体系的革新和教育内容的发展。

就目前来看，教育呈现出多学科融合教育和实验教学的特点，同时大数据、人工智能、3D建模等先进技术也陆续被应用到教育领域，元宇宙教育逐渐成为现代教育发展的重要趋势。随着元宇宙教育的不断发展，未来教育领域将会出现更多新的人才需求增长点。

### 5.2.3 硬件设施：虚实融合的教学工具

元宇宙教育的应用离不开VR和AR等扩展现实技术（Extended Reality，XR）。现阶段，XR技术及其相关应用已经融入各行各业，为多个领域的发展提供助力，其中，VR技术和AR技术的应用有助于各个行业实现虚实融合，对教育行业来说，VR和AR等技术是其进入元宇宙空间的重要工具。

元宇宙教育中具有大量依托于VR和AR等技术的硬件设备和虚拟现实教具，教育工作者需要利用这些工具来完成各类教学相关工作。就目前来看，国内外已有许多企业能够为元宇宙教育提供设备支撑，比如苹果、微软等企业都将元宇宙相关操作系统的开发作为工作的重要内容，同时积极生产虚拟现实设备。

目前，世界各国的VR、AR设备的出货量均呈现出不断上涨的趋势，基于VR和AR等技术的各类硬件设施也在不断迭代。具体来说，VR技术在元宇宙教育中的应用能够构建虚拟教育场域，AR技术在元宇宙教育中的应用能够增强虚拟世界与现实世界之间的交互。

大数据、人工智能等先进技术与教育的融合催生了基于人工智能计算的虚拟教室和虚拟教师，而虚拟教室和虚拟教师能够充分发挥人工智能技术的作用，根据用户的实际需求为其提供个性化的教学服务。在元宇宙教育中，教师既可以通过书写和屏幕展示等方式向学生传授知识，也可以在深入分析课程特性的基础上对自己的教室进行自定义处理，在元宇宙中打造个性化的教室，并在个性化的教室中开展各项教学活动。

### 5.2.4 软件系统：人机交互的教学体验

在元宇宙教育中，各项学习活动通常具有交互对象多元化、交互形式多样化、交互次数高频化等特点，用户不仅可以与各项情境元素进行人机交互，还可以实现师生交互和生生交互，进而得到更丰富、更真实的交互体验。

一般来说，元宇宙教育中包含智慧教学环境、智慧教学流程支持、智慧教学评估、智慧教师助理、教学智慧管理和咨询服务等多种元宇宙技术相关软件设施使用场景。对教育行业来说，各类先进技术的应用有助于其强化人才培养，提高人才的核心素养，同时教育行业也可以通过人机之间的交互和协作进一步提高教育教学质量。

在元宇宙教育中，教育资源具有共享性、丰富性和多样性等特点，教育工作者可以直接利用各类共享资源向学生直观展示化学分子的结构、生物的光合作用过程以及历史事件的全貌等内容，进而为学生理解和学习知识提供方便。以图书馆中的资源搜索为例，在元宇宙教育中，用户可以利用智能设备实现对所需资源的即时搜索，这不仅能够提高资源搜索速度，减少用户在搜索环节花费的时间，还能为用户阅览资料提供方便，而且在智能设备的支持下，用户既可以阅读书籍，也可以获取与该书相关的电子批注和回复信息，并打破时间和空间的界限，与其他阅读者进行思想交流。

此外，元宇宙教育能够丰富学生的学习活动。在元宇宙教育中，除视觉和听觉外，学生在学习过程中还可以借助多通道融合的VR/AR科技来获取触觉、嗅觉、味觉等多种感官体验。

交互式软件系统在教育教学活动中的应用既保留了传统课堂教学中的精华，也促进了教育教学创新发展，为教学交流提供了新的空间，丰富了教学展示方法，让教育工作者可以借助各类先进技术的力量来为教育教学赋能，从而进一步丰富教育资源，拓宽教育平台，实现互动式教学和探究型教学，为学生高效学习提供支持。

## 5.2.5　评价体系：实现数据化、科学化

随着各项数字化、智能化技术在教育领域的深入应用，未来，元宇宙教育将进一步提高教育问题和社会发展问题的数字化程度和可视化程度，同时，对教师言行的评价也需要逐步走向科学化、合理化和规范化，因此教育领域应确立科学规范的评价标准。

在教师评价方面，教育评价体系需要综合分析来自学生的课堂教学反馈和区块链中的相关数据，通过人工评价和算法评价相结合的方式来确保评价结果的科学性、合理性、公正性，同时这种评价方式也有助于优化教育体系内部治理。除此之外，教育评价体系中还应包含多重评判标

准和可追溯的教育行为标准，以便按照质量对教师进行精准划分，并提高教育体系的透明化程度。

近年来，元宇宙与教育领域的融合逐渐深入，教育行业开始使用去中心化的存储系统来存储教师的个人成绩和教学成果等数据信息，并借助该系统来降低教学评价数据分析和教学成绩分析的难度，进而达到为教师教育评价工作提供方便的目的。在元宇宙教育中，教育评价体系可以广泛采集和全面分析来自学生、家长和学校的教师评价信息以及教师的各项业绩数据，并在此基础上对教师进行评价，从而提高教师评价的客观性和公正性。

就目前来看，全球各国的教育行业大多已进入融合统一发展时期，综合教育质量逐渐成为影响教育行业发展的重要因素。元宇宙具有开放性等特点，能够促进教育资源共享，同时元宇宙相关技术的发展和应用为教育一体化发展提供了驱动力，也进一步凸显出了教育质量发展的重要性，教育领域可以借助元宇宙来进一步明确教育质量标准和教育能力标准。

在元宇宙时代，教育体系的开放性大幅提高，我国教育行业可以借助元宇宙获取来源于世界各国的教育理念，并筛选出符合我国教育发展现状的优质教育理念与我国传统教育理念进行融合，促进机构评价、区域评价等向公正化发展；同时融合了元宇宙等先进技术的教育也能根据学生的实际需求为其提供相应的教育教学服务，充分满足学生的个性化发展需求，确保来源于学生的评价的公平性和客观性，进而为教育领域的创新发展提供支持。

# 5.3  应用场景：基于元宇宙的智慧教育实践

## 5.3.1  场景1：情境性教学

情境性教学就是教师在教学中根据实际教学需求创设一个生动具体的问题情境，并组织学生认真观看和评议解决问题过程的一种教学模式。

情境性教学通过让学生切身体会和观摩来深入理解教师教授的知识，进而提高学生分析问题和解决问题的能力。

在情境性教学中，情境创设质量是影响学生学习效果的重要因素，因此教师在创设情境时可以借助元宇宙技术的力量，利用教育元宇宙来打破时空界限，根据教学内容创设拟真化的虚拟情境，以便为学生提供沉浸式的学习体验，推动情境性教学有效落地。

当教师将教育元宇宙应用到情境性教学当中时，情境性教学通常会呈现出以下特征，如图5-4所示。

**图5-4　基于元宇宙的情境性教学的主要特征**

### （1）情境的客观真实性

在传统教学中，教师通常通过语言描述等方式为学生构建教学情境，这种情境创设方式存在限制因素多、创设难度高、对学生想象力的要求高等不足之处，难以有效激发学生的认同感和代入感，进而影响教学效果。

教育元宇宙在情境性教学中的应用在技术层面为教师创设教学情境提供了强有力的支持。教师可以根据实际教学需求设计虚拟的教学情境，并与学生一起通过头戴式显示器、耳机、手柄和数据手套等交互设备进入虚拟的教学情境当中，并在情境中进行沉浸式的在线探究和协作，通过身临其境地感受来理解和把握情境中体现的教学内容。不仅如此，学生也可以借助全息视频和全景直播等技术手段进入工厂车间、文化景点等场景当中学习不同学科的知识，并通过实时可视化设备与教学场景进行互动，实现沉浸式的在线学习。

### （2）课堂互动的深入性

在传统教学中，教师和学生的情境任务互动以及学生之间的情境任务互动都存在浮于表面等不足之处，导致部分学生的参与度较低，学习效果不理想。

教育元宇宙在情境性教学中的应用能够为教师与学生以及学生与学生之间的课堂互动提供帮助。具体来说，教师可以利用自己的数字化身进入基于教育元宇宙的虚拟教学场景当中观察学生的小组活动，及时掌握学生的学习进度和未解决难题，并在虚拟研讨室中为学生提供一对一辅导；学生可以在基于教育元宇宙的课堂中通过小组合作、协同互助等方式来完成情境任务，并在交流和合作中发现对方的优势和问题，互相学习，提高学习效率。

### （3）实验情境的感性化

在传统教学中，教师通常通过演示实验的方式向学生展示实验内容，并安排学生以小组合作的方式来动手完成实验，这种教学方式不利于学生直接观察和深入理解实验原理，也难以帮助学生全身心投入到实验情境当中。

教育元宇宙在情境性教学中的应用有助于教师以更加直观的方式向学生展示事物的本质。教师可以将学生带入虚拟实验室当中，让学生通过虚拟实验室中的教学场景来深化对数学、物理、化学和生理等专业知识的理解，深入观察和学习电磁场规律、物质的分子结构、人体结构、数学模型等较为抽象的知识，切身体验历史、地理、美术和天文等学科的文化，身临其境般去感受兵马俑、珠穆朗玛峰、行星运动和《清明上河图》等带来的冲击。

从流程上来看，基于教育元宇宙的情境性教学主要包括八个环节，具体来说，分别是教师自主创设或选取符合教学需求的虚拟教学情境，从教学情境出发进行任务设计，从学生学情出发建立学习小组，开展情境学习，为学习小组或学生个人提供指导和辅助，学习小组展示学习成果，总结评价以及教学拓展。

## 5.3.2 场景2：个性化学习

个性化学习是一种从学生的学习需求和发展特点等个性化差异出发，并以促进学生个性发展为目标灵活运用各种教学方法、教学策略、教学工具、教学内容和教学评价来为学生的自主学习活动提供支持的学习范式。

在传统教学中，教师通常会向学生提供个性化的指导，并利用算法向学生推荐个性化的学习内容和学习方案，这在一定程度上优化了教师的教学方式和学生的学习方式，但没有改变学生被动学习的学习状态，也没有充分满足学生的个性需求，难以实现以学生为主体的教育。

教育元宇宙在个性化学习中的应用有助于学生进行主动学习。学生既可以通过基于教育元宇宙的产品和服务来实现个性化学习，优化自身的学习效果；也可以对这些产品和服务进行审核，为这些产品和服务的更新迭代提供助力。具体来说，基于教育元宇宙的个性化学习通常具有以下几项特征，如图5-5所示。

学习资源丰富

学习方式灵活

学习目标多重

学习成效评价
即时、精准

图5-5 基于教育元宇宙的个性化学习的主要特征

（1）学习资源丰富

在教育元宇宙中，学习者既可以获取和使用各项学习资源，也可以进入资源创作社区开展资源创造活动，并对各项学习资源进行实时更新和审核，充分确保教育元宇宙中学习资源的新颖性和多样性。

（2）学习目标多重

在教育元宇宙中，学习者既可以通过个性化学习的方式来学习知识，也可以设立并完成其他学习目标，如学习新技能、强化思维、更新观念等。

（3）学习方式灵活

在传统教学中，个性化学习主要体现在教师或算法可以向学生提供个性化的学习资料和作业内容以及学生对这些资料进行学习并完成相关作业等教学活动和学习活动当中，由此可见，个性化学习对传统的学习方式具有优化作用，但传统的个性化学习并没有从本质上改变学习方式。

教育元宇宙在个性化学习中的应用能够有效提升学习者在虚拟的学习情境中学习的灵活性，学习者可以根据自身的实际情况选择采用跨时空课堂学习、高仿真观察学习或游戏化学习等多种不同的学习方式来学习各类知识和技能。

（4）学习成效评价即时、精准

在传统教学中，学生个性化学习的学习评价通常来自测验和教师主观评价，存在评价方式缺乏多样性、评价内容缺乏全面性和评价精度低等不足之处，难以充分发挥学习评价的作用。

基于教育元宇宙的个性化学习能够广泛采集教师评价、同伴互评等数据信息，全面分析学生的各项学习行为数据，充分确保评价方式的多样性和数据来源的丰富性，进而达到提高学习成效评价精准性的目的。

与此同时，教育元宇宙还可以凭借自身时延低、算力强的优势来提高反馈的即时性。在教育元宇宙中，学生可以从自身的发展特点、学习进度、学习兴趣和学习需求出发，选择符合自身实际情况的学习内容、学习情境和个性化学习方式，并通过与其他学习者的情景元素之间的交互来获取多种多样的信息和知识要素，进而为自身更好地学习知识和解决问题提供支持，并提高自评精度和他评精度，获取即时反馈信息，以便高效构建属于自己的知识架构，提高自身的知识文化素养。

## 5.3.3　场景 3：游戏化学习

游戏是元宇宙的雏形，与元宇宙一样都是虚拟世界的表现形式，且二者均具备强社交、自由创作、沉浸式体验、虚拟经济系统和强虚拟身份认同等特征。基于教育元宇宙的游戏化学习融合了人工智能、VR、AR、MR 和脑机接口等多种先进技术，能够通过沉浸式游戏等方式革新学习方式，促进学习和游戏深度融合，帮助学生实现在游戏中学习，提高学习的趣味性。

具体来说，基于元宇宙的游戏化学习通常具有以下几项特点，如图 5-6 所示。

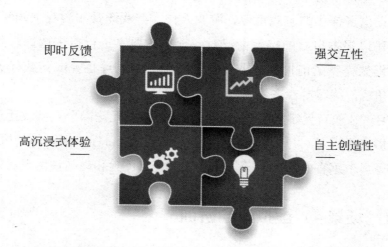

图 5-6　基于元宇宙的游戏化学习的主要特征

### （1）即时反馈

在教育元宇宙中，游戏化学习能够充分发挥即时反馈机制的作用，为学习者提供具有高度准确性和及时性的反馈，从而帮助学习者在学习过程中集中注意力。

### （2）高沉浸式体验

在教育元宇宙中，游戏化学习可以综合运用多种先进技术构建虚拟化的游戏世界，学习者可以进入虚拟化的游戏世界中学习新的知识和技能，实现沉浸式学习，获得更好的学习体验。

### （3）强交互性

在教育元宇宙中，游戏化学习可以获得较高的交互频率以及丰富的交互形式和交互对象，为学习者与虚拟化的游戏世界中的情境元素之间的人机交互提供强有力的支撑，同时也能够进一步优化学习者与教师和其他学习者之间进行交互的体验，帮助学习者在交互中学习。

### （4）自主创造性

在教育元宇宙中，游戏化学习通常具有高度自主性的特点，能够为学习者提供多样化的游戏角色、游戏人物、游戏场景和游戏主线等要素，学习者可以根据自身的实际情况对各项游戏要素进行自主选择，并在保持游戏框架完整的前提下选取适合自己的方式和途径完成游戏任务，创建游戏角色，续写游戏主线。

学习者在教育元宇宙中进行游戏化学习时，无论以个人游戏还是团体游戏的形式学习都可以自由设定学习任务和学习目标，同时体会眼、耳、鼻、口等多个感官的刺激，获得沉浸式的交互体验和趣味性的学习体验。

## 5.3.4 场景4：虚拟教学研训

教学是实现才能和智力发展的有效手段。教师可以在与学生和教学情境的互动中获取反馈信息，并根据反馈信息不断对自身与学习者、学习工具和教学环境之间的互动方式等进行优化调整，确保互动的有效性，以便通过互动来积累教育教学知识。由此可见，教师应积极开展教研活动，并从中汲取经验教训，不断优化教学方法，解决教学中存在的各类问题，提高教学质量和自身的专业技能。

　　元宇宙在教育领域的应用能够构建虚拟的教学情境和教研情境，帮助教师提升教学质量和研训质量，优化教学研训效果。具体来说，基于元宇宙的教学研训通常具有以下几项特征。如图5-7所示。

**图5-7　基于元宇宙的教学研训的主要特征**

### （1）教师参与度高

　　在教育元宇宙中，教师可以通过虚拟的教学研训构建各类在现实世界中难以实现的教学研训场景，并在虚拟的情境中通过角色扮演和事件模拟等方式来完成教学研训工作，以便高效处理教育教学活动中出现的各类问题，不断优化决策，同时也可以进一步加强自身与教育系统以及其他参与方之间的合作，提高教学研训的真实性、灵活性和可持续性。

### （2）研训成本低

　　在教育元宇宙中，学校和教育机构能够充分发挥各类数字化、智能化、虚拟化技术的作用，创建真实性和智能化程度较高的虚拟化教师研训环境，并确保教师研训环境的开放性、可持续性和可访问性，提高教学研训场景搭建效率，降低搭建成本，同时也进一步提高教师在选择研训时间、研训环境和教学场景等要素方面的自由度，以便在日常教育教学中充分落实教学研训活动。

### （3）研训更贴近真实课堂

在教育元宇宙中，教学研训活动既可以模拟师生互动、教学设备故障、学生课堂违纪等教学事件，也可以借助系统根据学生信息生成虚拟的数字化身，进一步提高教学研训的真实性。

与传统的教学研训相比，基于教育元宇宙的教学研训具有教师参与度高、组织难度低、真实性强、成本低等优势，且教师在参与教学研训活动的时间和地点方面具有较高的自由度，可以随时随地进入教学研训场景，探索教学中存在的问题，并完成教学研训任务，进而助力教学研训进入日常教育教学当中，为教师实现专业发展提供强有力的支持。

## 5.3.5  场景5：元宇宙智慧校园

随着元宇宙、人工智能等技术在教育领域的应用逐渐深入，元宇宙智慧校园应运而生，对此，教育行业需要进一步挖掘教育元宇宙智慧校园的发展潜力，并充分利用教育元宇宙智慧校园来提高教育质量和教学水平。

元宇宙应用涉及元宇宙技术在教育、生活、大数据经济等多个方面，具体来说，元宇宙虚拟学校、数字孪生校园、元宇宙慕课服务等应用都属于元宇宙技术在教育领域的应用，这些应用有助于教育领域建设元宇宙智慧校园。

### （1）元宇宙虚拟学校

就目前来看，教育领域已经建成了一部分元宇宙虚拟学校。这类元宇宙虚拟学校可以利用元宇宙平台来获取教师资源，安排教师为K-12❶学生提供学习内容、学习指导等教育服务，帮助学生实现个性化学习，提高学习质量和学习效率。由此可见，元宇宙在教育领域的应用促进了虚拟学校创新发展，让虚拟学校可以借助元宇宙技术的力量为学生提供沉浸式的学习服务。

---

❶ K-12："K"代表Kindergarten（幼儿园），"12"代表12年级（相当于我国的高三）。"K-12"被国际上用作对基础教育阶段的通称。

目前，美国部分学校已经开始利用STEMuli元宇宙平台开展在线教学。STEMuli元宇宙平台根据"我的世界""堡垒之夜""模拟人生"等游戏中的虚拟世界构建出属于自己的三维场景、经济系统、激励机制和交互机制，为各项K-12课程创造专门的学习环境，并将学生带进虚拟的环境中学习。具体来说，STEMuli元宇宙平台主要能够为教师和学生提供以下几项服务：

● 为学生提供能够进入虚拟校园和虚拟教室学习的虚拟化身；

● 为教师提供能够在虚拟教室中完成各项教学活动的虚拟化身；

● 为学生的虚拟化身赋予更多的功能，如回答问题、课堂讨论等；

● 以积分的形式激励学生按时上课、按时完成作业、积极参与课堂互动等；

● 在区块链的基础上借助积分来优化完善学生画像，并为学生提供虚拟消费服务，让学生可以利用数字货币来购买虚拟校园中的虚拟物品，同时也可以选择将数字货币兑换成现金。

## （2）数字孪生校园

数字孪生校园是现实世界中的实体校园和虚拟世界中的虚拟校园互相融合的结果，通常具有虚拟服务现实和数据驱动治理等特点，能够充分发挥元宇宙技术的作用，利用各项信息数据来提高学校的数字化服务能力，并推动智慧校园建设，促进智慧校园快速落地应用。

香港中文大学将联盟链FISCO　BCOS作为底层区块链架构设计出了包含基础层、交互层和生态层等多层架构的CUHKSZ校园元宇宙原型系统，并基于该系统来融合现实世界中的实体校园和虚拟世界中的虚拟校园，推进数字孪生校园建设。

● CUHKSZ校园元宇宙原型系统的基础层中包含3D软件Blender、联盟链和智能合约等技术和应用，既能够根据物理校园构建3D校园模型，也能够有效支撑去中心化组织（DAO）、生态系统和交易系统等稳定运行。

● CUHKSZ校园元宇宙原型系统的交互层中包含Unity 3D引擎，既能够以交互设计的方式为学生提供不同视角的元宇宙交互界面，也能为学生提供与位置信息等普适传感相关的各类交互服务。

● CUHKSZ校园元宇宙原型系统的生态层中包含学生会等自治组织和代币应用系统，既能够赋予各个自治组织去中心化的特点，也能充分发挥区块链技术的作用为交易和投票等活动提供支持。

未来，相关研究人员将推动CUHKSZ校园元宇宙原型系统进一步向UGC的方向发展，为用户设置专门的传送门和个人展示空间，帮助用户通过UGC、竖立广告牌等传送门进入个人展示空间，并通过虚拟化身与虚拟空间中的其他事物进行互动。不仅如此，CUHKSZ校园元宇宙原型系统中还具有基于人工智能技术的元宇宙观察者系统，能够为观察者实时动态掌握校园中的各项事件提供数据层面的支持。

### （3）元宇宙慕课服务

现阶段，部分开放大学已经为成人学习者专门开设了基于元宇宙教育应用的元宇宙慕课服务。在这一教育模式下，学生可以接受行业内专业精英的教学和指导，获取大量专业知识和技能以及就业创业相关指导。与一般的在线教学相比，元宇宙慕课与真实的课堂教学之间的相似度更高，教育效果也更好，因此能够获取到更多风险投资。

Invact Metaversity是一个基于元宇宙的虚拟学习平台，能够为成人学习者提供教育服务，将成人学习者培养成硅谷商业高级人才。具体来说，Invact Metaversity可以为行业内的精英人士打造数字化身，并利用这些数字化身向成人学习者教授各项专业知识和技能，传授实践经验。Invact Metaversity主要向用户提供市场营销和产品开发课程以及与其相关的各项课程服务，比如：

● 具有实践性强、目标明确、产业驱动等特点的商业课程；

● 具有沉浸式学习特点的虚拟校园和虚拟课堂；

● 根据用户的教育背景、工作经验和学习证书等个人信息和相关数据构建虚拟化身；

● 由业内精英人士设计并讲授的教学课程；

● 多样化的学习方式，如个案研究、同伴互评、角色扮演、特邀报告和同步沉浸课堂等；

● 业内精英人士的一对一学业和创业指导服务。

第6章

# 数字孪生 + 智慧教育

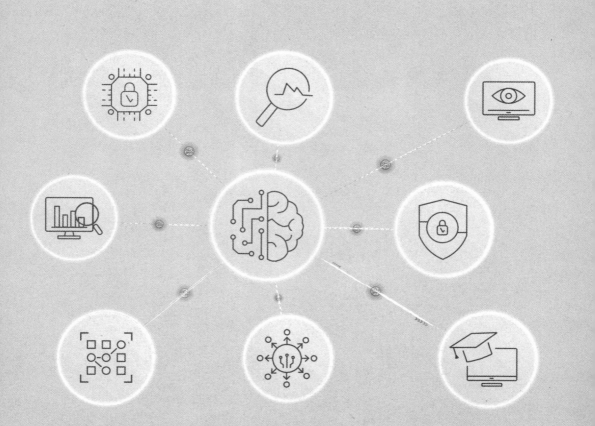

# 6.1　数字孪生：赋能教育现代化转型升级

## 6.1.1　数字孪生技术的起源与发展

5G、大数据、云计算、物联网、人工智能等技术在工业领域应用的逐步深化，为"工业4.0"的实现提供了重要保障。同样，数字孪生（Digital Twin，DT）也是与"工业4.0"密切相关的关键技术。

2002年，美国密歇根大学的教授迈克尔·格里弗斯（Michael Grieves）在其管理课上提出"信息镜像模型"（Information Mirroring Model）的概念，他认为，可以采集实体物理设备的数据，并基于这些数据在虚拟空间构建一个与实体物理设备对应的镜像模型，而且这种对应并不是静态的，而是可以贯穿于产品整个生命周期的。

2010年，美国航空航天局（National Aeronautics and Space Administration，NASA）在其技术报告中首次提到"Digital Twin"并于2012年对其进行了明确定义，认为数字孪生指的是：在产品的整个生命周期，可以通过收集与其相关的各项数据（包括运行数据、传感器采集的数据、物理模型中的数据等）构建对应的虚拟空间中的产品，从而实现虚拟数字模型与物理世界产品的交互映射。

2011年，美国空军研究实验室（Air Force Research Laboratory，AFRL）将数字孪生技术应用于航空工业领域进行飞行器寿命预测研究，随后于2012年提出"机体数字孪生体"的概念。同一时期，美国国防部（United States Department of Defense）与通用电气公司（General Electric，GE）达成战略合作，就F-35战斗机的数字孪生技术解决方案进行研究。

2014年前后，西门子等工业领域的领军企业也纷纷意识到数字孪生技术所拥有的巨大价值，并进行相应的业务探索。

由于数字孪生的理论技术体系具有普遍适应性，因此可以应用于诸多领域，目前，数字孪生应用较多的领域主要包括工程设计、医学分析、产品制造以及产品设计等。而且，随着人工智能、大数据、云计算、物联网等技术的发展，数字孪生技术在发展态势预测、状态评估以及问题诊断等应用场景中的表现也将越来越出色。

梳理数字孪生技术的发展历程不难发现，数字孪生技术诞生的初衷是对产品全生命周期的可视化管理，其应用需要由数据驱动，所构建的是一种实体虚拟映射系统。目前，数字孪生技术的应用主要朝两个方向延伸：其一是微观层面，即以个体为对象，通过构建与个体对应的虚拟化身，满足个体对自身的探索需求；其二是宏观层面，即以城市以及地球等为对象，通过构建对应的虚拟实体，满足人类对世界的探索需求。

## 6.1.2　数字孪生的概念与技术特征

数字孪生指的是基于对实体物理对象的多维异构数据的实时采集持续构建对应的动态仿真数字模型。由于实体物理对象与仿真数字模型能够实现动态交互，因此数字孪生技术可被应用于物体的信息采集、运行模拟、趋势预测等方面，将数据信息以可视化的方式呈现出来，从而实现复杂信息的管理。

数字孪生技术主要具有以下四个方面的特征，如图6-1所示。

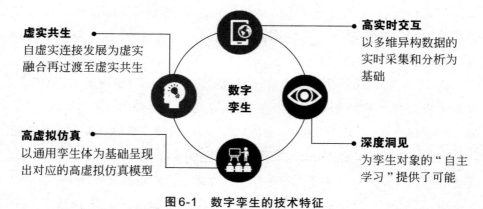

**虚实共生**
自虚实连接发展为虚实融合再过渡至虚实共生

**高虚拟仿真**
以通用孪生体为基础呈现出对应的高虚拟仿真模型

**数字孪生**

**高实时交互**
以多维异构数据的实时采集和分析为基础

**深度洞见**
为孪生对象的"自主学习"提供了可能

**图6-1　数字孪生的技术特征**

### （1）虚实共生

数字孪生涉及的对象有两个，其一是实体物理对象，其二是虚拟数字模型。随着数字孪生技术的发展，实体物理对象与虚拟数字模型的交互程度也就有所不同，自虚实连接发展为虚实融合再过渡至虚实共生。

① 虚实链接

在这一阶段，数字孪生技术主要应用于工业设计领域，虚拟数字模型即设计阶段的产品原型。此时，实体物理对象与虚拟数字模型的数据需要操作者进行手动输入和修改。

② 虚实融合

在这一阶段，随着大数据、物联网等技术的发展，虚拟数字模型已经能够实时采集实体物理对象的信息并根据采集到的信息进行参数调整。但是，由于技术发展程度的制约，虚拟数字模型的参数无法自动传输至实体物理对象。

③ 虚实共生

进入这一阶段后，由于数字线程（Digital Thread）等技术的进步，孪生对象与物理实体已经能够自动完成信息的动态交互，由此也就体现出数字孪生技术的一个重要特征——虚实共生。而达到虚实共生后，也就能够通过对孪生对象参数的设置等模拟物理实体的运行状态。

### （2）高虚拟仿真

随着实时渲染❶以及5G等技术的发展，数字孪生技术的另一重要特征逐渐体现——高虚拟仿真。对于同一个实体物理对象而言，由于其在不同的应用场景中会产生不同的感知需求，即便在同一个应用场景中，不同的服务对象的感知需要也会有差异，因此其孪生对象需要以不同的方式呈现信息。

在物理实体与孪生对象之间，如果二者携带的信息一致性越强、关联度越高，那么孪生对象的仿真度也就越高。模型的确真性（Authenticity）指的就是从引导目标的视角来看对象信息与其表征物之间的关系。因此，在不同的应用场景中，为了满足不同用户的需求，数字孪生技术均能够以通用孪生体（General Digital Twin）为基础呈现出对应的高虚拟仿真模型。

---

❶ 实时渲染：本质是图形数据的实时计算和输出。

### （3）高实时交互

数字孪生技术的一个重要特征为高实时交互，而要实现物理实体与孪生对象之间的高实时交互需要以多维异构数据的实时采集和分析为基础。在数字孪生技术的应用过程中，用户能够实时监控仿真模型的运行情况，模型的信息均能够以清晰直观的方式进行呈现。

在工业领域，数字孪生技术还能够与沉浸式技术等进行深度融合，用户可以借助可穿戴设备等全方位感知物理对象的信息。

### （4）深度洞见

大数据、物联网、人工智能等技术的进步，不仅为孪生对象与物理实体的虚实共生和实时交互提供了技术层面的辅助，而且也为孪生对象的"自主学习"提供了可能。未来，基于数字孪生技术的分布式共生知识空间有望成为数字孪生领域的新兴研究范式。

实际上，随着人工智能相关模型的开发、算法的增强、算力的提升，不仅万物皆有可能获得孪生对象，万物也皆有可能具有"智慧"。以人类个体为例，如果通过采集人类个体的相关信息构建对应的虚拟孪生对象，那么个体所获得的知识也就有可能传递给其虚拟对象，如果虚拟对象在技术的辅助下能够进行训练和学习，那么个体会获得超出个人认知层面的深度洞见。

## 6.1.3　基于数字孪生的智慧教育场景

作为一项发展快速的新兴技术，数字孪生技术能够应用于教学设施管理、职业教育、创客教育、远程教育等不同的教育场景中（如图6-2所示），推动传统教育的变革，有效提升教育的智慧化水平。

### （1）数字孪生+教学设施管理

在传统的教学设施管理方面，由于涉及学校内的所有人员和所有设施，因此管理难度较大，单纯依靠人力的管理不仅管理效率低，而且容

**图6-2　基于数字孪生的智慧教育场景**

易存在各种失误。数字孪生技术在教学设施管理中的应用能够更好地体现人的主体地位。

首先采集、整合和处理学校内的教职工组成、学生数目、各类教学设施使用情况等多源异构数据，随后根据不同的用户需求构建数字孪生对象，并对教学设施进行管理。比如，当某个班级学习到某个课程时，学校管理部门可以根据班级人数、授课需要等建立对应的孪生对象，并将教学空间、所需教具等信息反馈至孪生对象，然后根据孪生对象的使用情况进行相应的调整，从而合理配置教学设施。

此外，针对不同的教学设施（如实验室仪器设备、多媒体设备等），也可以根据具体情况为其构建对应的孪生对象，从而进行教学实施的全生命周期管理，保证教学活动有条不紊地进行。

### （2）数字孪生＋职业教育

与普通教育相比，职业教育有其特殊性，侧重于实践技能和实际工作能力的培养。数字孪生技术应用于职业教育领域，有助于创新职业教育的教学模式和学习方式。

借助于数字孪生技术，学校以及实习企业等可以构建与真实车间相对应的数字孪生模型。一方面，真实车间中的相关数据信息可以被实时采集并用于对应数字孪生模型的构建和调整，这样也就使得数字孪生模型能够呈现真实车间整个运行流程的所有信息；另一方面，借助于传感器等设备，当学生在数字孪生模型上进行操作后相关变化也可以反馈至物理实体，从而将操作的结果以可视化的方式直观呈现出来。与传统的教学方式相比，这样的模式能够使得授课更加生动，而且可以为学习者提供更大的容错空间。

此外，由于在真实车间操作或模拟真实车间操作时，学习者可能会面临一些风险，而在"孪生车间"进行操作能够预测不同情境出现的结果，确保学习者的人身安全。由此可见，数字孪生技术有利于提升职业教育的质量，拥有良好的发展前景。

### （3）数字孪生+创客教育

互联网技术的发展在一定程度上推动了教育理念和教育模式的变革，创客教育就是伴随互联网而出现的一种教育模式。与普通的注重理论知识的教育模式不同，创客教育以实践创造学习为主，着重培养学生的创造力和探究力。

5G、人工智能以及数字孪生等技术的进步为创客教育的发展提供了更多可能性。教育者能够在物理学习空间之外为学生创造一个"虚拟教育空间"，打破空间等物理层面的限制。学生在学习的过程中，能够在"虚拟教育空间"内进行各种操作，并实时监测后续的变化。比如，当学生产生某一创意时，能够先在对应的"虚拟教育空间"完成操作，如此便能预测生成的成果是否符合自己的预期。

数字孪生技术所拥有的虚实共生、高虚拟仿真、高实时交互、深度洞见等特征，不仅为教师的授课提供了更大的发挥空间，也为学生的探索创造了更大的包容性。首先，在"虚拟教育空间"内，各种数据、文本等信息都能够以生动、可视化的方式呈现出来，能够加深学生对于知识的理解；其次，在"虚拟教育空间"内，学生的各种创意也能够较为轻松地实现，并可以进行有针对性的调整、修改和优化，有利于探究和创新精神的培养。

### （4）数字孪生+远程教育

自2012年"三通两平台"❶被提出以来，其建设便一直在持续推进

---

❶ "三通两平台"：指的是"宽带网络校校通、优质资源班班通、网络学习空间人人通"，建设教育资源公共服务平台和教育管理公共服务平台。

中，我国的远程教育相关配套设施也越来越完善。远程教育模式的不断完善以及远程教育平台的逐渐增多，都能够为学习者提供更优质的学习体验。在远程教育领域，数字孪生技术可以应用于互动讨论课堂、大型开放式网络课程、名师录播课堂等，重构学习者的学习环境，以数字化的形式呈现教学内容。

数字孪生技术在远程学习中的应用场景主要包括：平台通过采集教育者的个人信息，建立对应的"数字孪生老师"，然后与学习者就学习的内容进行交流和互动，从而改善学习者的远程学习体验；平台通过采集学习者的个人信息，对其学习状况、学习习惯、学习偏好等进行动态数据拟像分析，从而帮助学习者获得定制化的学习规划和更有效的学习路径，有效提升学习者的学习效率。

## 6.1.4　基于数字孪生的混合教学模式

互联网相关技术的进步，使得信息的传播更加快速而多元。相应地，人们能够获取知识的渠道也越来越多、能够获取到的学习资源也越来越丰富。除传统的教育模式外，大型开放式网络课程等教育模式的价值也越来越不容忽视。近几年，教育改革的重点主要在于教学模式的创新，开始重视学生的主体地位，提倡交互式学习等。但常用的混合教学模式也存在明显的缺点，主要表现为课程资源设计缺乏个性化、教学计划不具有针对性等。数字孪生作为一个具有普遍适应性的理论技术体系，同样可以应用于教学模式改革，如图6-3所示。

### （1）数字孪生在教育改革中的应用

数字孪生技术应用于教育领域，能够从以下几个方面推动教育改革。

① 辅助教师授课

每个学生的学习习惯、学习进度、学习水平等都会具有一定的差别，通过实时交互，学生对应的孪生对象能够自动实时采集个体的数据，对个体的学习过程进行模拟，并预测学习成果。教师就可以根据每个学生虚拟对象的模拟过程制定对应的授课方案。

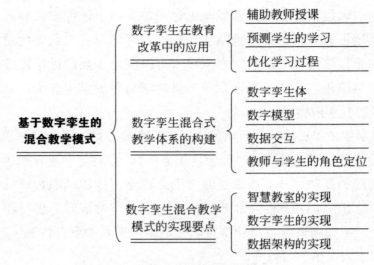

**图6-3　基于数字孪生的混合教学模式**

② 预测学生的学习

通过构建学生个体对应的孪生对象，能够基于其已有的学习数据对其后续的学习进程、学习成果等进行预测，从而帮助学生避免可能出现的错误行为。

③ 优化学习过程

学生的学习过程应该具有一定的连续性，学习资源的获取应该以此前的学习内容为参考。数字孪生技术的应用，能够具有针对性地为个体推荐最适应其水平的学习资源，并将传统的以课堂授课为主的教学模式转变为课上与课下结合的混合教学模式。

### （2）数字孪生混合式教学体系的构建

尤其在移动互联网兴起之后，线上与线下相结合的教学模式已经较为常见，但数字孪生技术的应用，能够全面提升混合教育模式的智能化水平，使得教育教学体系的运行不仅能够实现师生互动、全面感知，还可以精准预测学生的学习进程。基于数字孪生的混合教学体系应该包括以下几部分内容。

① 数字孪生体

此处的数字孪生体主要指针对学习者建立的数字孪生体。通过采集学生在线下课堂中的数据、线上相关学习资源使用情况的数据以及其他与该课程有关的数据，可以建立学生与该门课程相关的数字孪生模型。相比真实个体，数字孪生模型还具备人工智能模型、专家系统等。

② 数字模型

此处的数字模型也主要指针对学习者建立的数字模型。当构建数字孪生体所需的数据采集完成后，可以通过神经网络建模等建立学习者对应的数字模型。在具体的教育实践中，可以输入学生对应课程的学习数据，并让模型利用实时采集的数据进行不断训练，从而能够精准预测学生的学习情况，而教师可以根据预测的结果调整教学进度或改变教学策略。

③ 数据交互

在数字模型的训练过程中，存在数据的不断交互。一端输入学生相关课程数据，另一端输出学生的学习成果。而这种数据的持续交互，能够逐渐优化模型的水平。

④ 教师与学生的角色定位

在基于数字孪生的混合教学体系中，教师仍然是教学活动的主要组织者，教师可以基于数字模型的预测结果精准判断学生当前的学习水平和学习需要，为其筛选所需要的学习资料，提高学习资源推送的智能化水平。学生作为学习活动的主体，可以基于教师的反馈和系统的推送获得定制化的学习方案，进行有针对性的学习。

## （3）数字孪生混合教学模式的实现要点

基于数字孪生的混合教学模式要发挥其所应有的价值，需要从以下几点切入。

① 智慧教室的实现

智慧教室与传统教学中的教室有所不同，指的并非单一的环境或空间，而是能够实现远程控制、视频监控、环境调节、人脸识别、教学执行等诸多功能的一种新型的智能教室系统，而这也是全面采集学习者信息的基础。

② 数字孪生的实现

在基于数字孪生的混合教学模式的实现过程中，学生本体与其数字孪生体之间需要进行信息的动态实时交互，也只有这样数字孪生的运行才具有意义和价值。此外，在数据的交互过程中也需要关注信息建模、数据接口等事项。

③ 数据架构的实现

在基于数字孪生的混合教学模式的实现过程中，会产生大量与学生学习相关的数据。这就使得大数据技术的融合成为必然。大数据技术能够对实时产生的多源异构数据进行存储和处理，从而保证混合教学模式的顺利运行。

# 6.2 基于数字孪生技术的泛在智慧学习空间

## 6.2.1 数字孪生时代的学习空间变革

互联网诞生以来，个体的生活空间便被极大扩展。除现实生活空间外，个体往往会在虚拟的网络空间花费大量时间。但以往，现实物理空间与虚拟网络空间基本是隔离的，数字孪生技术的进步则为这两个空间的虚实融合提供了条件。

数字孪生技术的一个重要特征为虚实共生，也就是说，虚拟空间能够基于采集的数据进行现实物理空间的再造和演化，数据的价值被进一步放大。以数字孪生技术在教育领域的应用为例，信息技术的发展使得个体能够通过线上平台获取学习资源、进行学习交流，推动了远程教育、网络学习等在线教育模式的发展，但个体在线上的学习难以与线下的学习实现实时链接，此外，线上平台的知识推送也具有针对性差等缺陷。数字孪生技术在教育领域的应用，则能够变革知识的演化过程，为教育应用场景的丰富提供了更大可能，如表6-1所示。

数字孪生技术所具有的虚实共生、高虚拟仿真、高实时交互等特征，使得物理实体与数字孪生体产生的信息可以形成数据闭环自组织。一方面，由于物理实体和数字孪生体的信息是自动实时交互的，因此，学习

表6-1 数字孪生教育应用场景的构想

| 互动学习主体 | 知识演化过程 | 场景描述 |
|---|---|---|
| 人类—人类孪生体 | 包括对应人类数字孪生双胞胎之间的数据交换，也包括相异人类专门孪生体与人类个体的数据交换 | ● 通过学习阶段所记录的孪生体的个体技能、知识及经验数据，分析学生认知特征，及时反馈结果；<br>● 学生可与专家孪生体直接进行学习交流 |
| 人类孪生体自演化 | 同一孪生对象的不同专门孪生体间的数据交换，也包括不同孪生对象间专门孪生体之间的数据交换 | ● 记录学生在课堂场景的孪生体数据，并与教学系统内其他孪生体进行数据交流，从而了解不同的学习信息；<br>● 学生的孪生体之间经常进行竞争式模拟，根据模拟结果提供相应的学习策略 |
| 人类—物孪生体 | 人类通过物孪生体的洞见内容改善自身或改善孪生对象的现实情况；物孪生体记录人类使用孪生对象的数据并提供分析结果 | ● 学习者通过教学过程记录与反馈分析不同教师与教学情境下学生的适应与表现情况，依据得出的建议进行组合选择；<br>● 教学孪生体记录并分析学生的行为模式从而提供相应的个性化的学习方案 |
| 物孪生体自演化 | 同一孪生对象的不同专门孪生体间的数据交换，也包括不同孪生对象间专门孪生体之间的数据交换 | ● 智能教育产品在使用场景中的孪生体记录并分析用户的学习习惯，为对应教学设计阶段的孪生体提供相应的改善策略；<br>● 进行课程设计的教师孪生体与学生孪生体间的数据交换，以分析出效率更高的学习模式 |
| 人类孪生体—物孪生体 | 人类专门孪生体与物专门孪生体之间的数据交换 | 在选择职业时，根据个体学习记录形成对应学习能力的孪生体，与专门孪生体进行数据交换，分析并推荐特定职业信息 |

者能够精准判断自己已有的知识系统，并具有针对性地获取所需的学习资源；另一方面，在数字孪生技术的支持下，相关的知识能够通过模型以更加具象生动的方式呈现出来，更有利于学习者理解和掌握。

因此，基于数字孪生技术的学习空间将具有泛在智慧的特征，在这样的空间中，个体以及系统等是具有智慧性的节点，能够基于实时获取的信息生成深度洞见。因此，要实现数字孪生与智慧教育的深度融合，首先应该构建基于数字孪生技术的泛在智慧学习空间。

① 在微观层面

从微观层面来看，在基于数字孪生技术的泛在智慧学习空间中，教师的关注重点不再局限于如何传授知识、怎样判断学生对知识的掌握情况，而是着重引导学生在遵循技术应用伦理的前提下更加智能化地获取知识；学习者可以结合其对应的数字孪生体以及其他的智慧化工具进行知识探索；知识将摆脱抽象化的特征以更加具象化、非结构化的形式跨媒介进行传播，以满足学习者的需求。

② 在中观层面

从中观层面来看，一方面，传统教育体系中的教师、学生以及教学设施均可以拥有对应的数字孪生体，优质的数据将成为基于数字孪生技术的泛在智慧学习空间构建的基础；另一方面，学校将作为知识管理的平台，能够与社会生活中的其他职能部门相连接，进一步扩大知识的传播范围。

③ 在宏观层面

从宏观层面来看，在数字孪生技术的支持下，城市乃至地球都有可能获得其数字孪生体，那么教育系统在其中将成为数据连接的一个节点。

## 6.2.2  数字孪生与泛在智慧学习空间

2018年4月13日，教育部印发的《教育信息化2.0行动计划》正式提出"教育信息化2.0"，以推动教育领域信息化的转型升级。近几年，大数据、云计算、物联网、人工智能、数字孪生等技术均取得了明显进步，所具有的应用价值也得到极大提升。"教育信息化2.0"的提出即希望以智能技术群的协同发展推动教育领域的教育资源观转变、技术素养观转变、教育技术观转变、发展动力观转变、教育治理水平转变以及思维类型观转变。

技术的应用需要以技术生态系统的构建为切入点，因此教育系统也正面临自上而下的变革。实际上，回顾教育信息化1.0时期可以发现，当时构建学习空间的侧重点在于缓解教育资源分配不均等问题。教育信息化1.0时期大致可以分为三个阶段，如图6-4所示。

图6-4　教育信息化1.0时期的三个阶段

● 知识的信息化阶段：个体或机构可以通过录入等方式生成数字资源，将编码的结构化知识存储在网络空间中，学习者可以根据自己的需要搜索相关的数字资源。这一阶段所构建的虚拟学习空间类似于图书馆。

● 人际关系的信息化阶段：由于传统的教学过程存在时间、空间等物理因素的制约，因此学习者可以根据自己的需要构建个人化的虚拟学习空间，并借助交互设备与远程的资源或专家建立连接。这一阶段的虚拟学习空间已经具有比较高的互动性。

● 智能技术局部聚合、应用的阶段：互联网、人工智能等技术在教育领域的融合应用有利于学习者主体性的体现，学习者能够在多个学习场景中通过智能技术的辅助获得个性化、定制化的学习。这一阶段的学习空间已经能够混合虚拟与现实的学习空间。

可以说，数字孪生技术在教育领域的应用，不仅回应了"教育信息化2.0"的要求，又对"教育信息化2.0"的内容进行了深化和创新。在教育信息化1.0时期，虚拟的学习空间已经构建，那么物理的学习空间与虚拟的学习空间应该如何平衡呢？数字孪生技术则明确了这一点——虚拟空间本质上是物理世界的镜像。因此，教育信息化2.0时期的学习空间研究范式也将从技术与教育相融合转变为基于数字孪生技术的虚实共生。

当前，随着数字化技术的发展，教育领域的泛在智慧化特征已经愈发明显。数字孪生技术不仅可以应用于教学环境治理、个性化教学等细分领域，而且其与人工智能、大数据技术等融合应用，还可以为培养创新型人才提供助力。在基于数字孪生技术的泛在智慧学习空间中，知识也将实现泛在化分布，能够以多维异构的形态与学习者进行交互。

对数字孪生技术进行分析不难发现，数字孪生技术所具有的普遍适用性有望变革我们的生存空间。因此，从这个角度来看，对学习空间的认知也需要立足于教育生态学的高度。所谓生态学，指的是在一定空间范围内生物与环境的交互而产生的信息传递、循环代谢以及能量交换等。具体到教育生态系统中，学习的空间、教育的活动、教育者以及学习者等均是其中的组成部分，他们之间的交互就能够产生信息的传递、能量的交换等。如果生态系统的空间范围比较封闭，那么个体与环境之间的交互也难以维持下去。正如在信息大爆炸的数字化时代，传统的学校教育已经难以满足学生对于知识获取的需求。2015年11月4日，联合国教科文组织第38届大会（38th UNESCO General Conference）的高层会议发布了"教育2030行动框架"，并提出终身教育需要在时间维度上向两极延伸。这也说明，未来教育的生态系统需要囊括具有不同学习需求的个体，并为其提供泛在化的智慧学习空间。

基于数字孪生技术的教育体系致力于打造一个闭环的流程，从学习者各个阶段的学习需求切入进行不同过程和周期的管理，并通过模型将知识以可视化的形式呈现出来，激发学习者与学习内容的高效交互，从而为学习者需提供贯穿各个阶段的定制化学习服务。换言之，数字孪生技术在教育领域的应用能够激发学习空间的变革，如表6-2所示。

表6-2　泛在智慧学习空间中的变革内容

| 教育主体 | 变革方向 | 描述 |
|---|---|---|
| 教学对象 | 职业教育与普通教育的融合（课程的社会化） | 虚拟空间的社会性使社会资源能够直接进入学习场所的孪生空间 |
| 教育组织形式 | 全时空教育 | 学习者孪生体将始终保持在线状态与知识网络互联，学习可以发生在任意场合 |
| 教育方式 | 面授教育、人机协同教育、工程教育 | 孪生体将变革远程教育、课堂学习模式 |
| 教学形态 | 正规与非正规教育的融合 | 真实学习资源纳入课堂，各类教学场景无缝衔接 |
| 学习过程 | 通识阶段、职业阶段到生活阶段 | 学习者学习如何与其他智慧节点沟通，基础教育阶段被压缩，学习阶段因个体而异 |

## 6.2.3 泛在智慧学习空间的实施策略

在泛在智慧学习空间中，数字孪生技术的价值在于其能够将虚拟空间和现实空间进行实时、精准、无缝、全面的对接。由此，与个体相关的信息都能够被全面记录和精准分析并能够展开预测。泛在智慧学习空间的构建需要经过四个阶段，如图6-5所示。

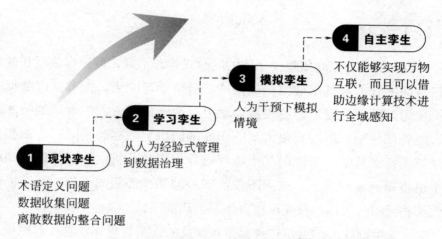

**图6-5 泛在智慧学习空间构建的四个阶段**

### （1）现状孪生

现状孪生是泛在智慧学习空间构建的基础。所谓现状孪生，即梳理与个体学习相关的不同空间，对这些空间中的数据进行识别、采集和处理。为了实现现状孪生，就需要制定有关不同学习空间数据共享的政策和协议，保证数据和系统的可见性。可以说，数据治理策略的制定是数字孪生技术在教育领域应用的重要前提。

在现状孪生阶段，需要注意以下几个方面：

● 术语定义问题。由于术语的定义直接决定了数据分析的结果，因此明确术语的内涵和外延能够使得数据的意义更为精准，也就为数字孪生技术的使用奠定了基础。

● 数据收集问题。数据是数字孪生的基础，通过使用高清摄像头、物联网等专业的数据采集设备进行数据收集，能够保证数据的收集效率和更新速度，从而获得高质量的数据。全面、准确的数据能够反映学生的学习情况，并为教育职能部门改革学科建设等提供参考。

● 离散数据的整合问题。在不同的流程阶段均需要对产生的离散数据进行整合，需要注意的是为了保证被整合的离散数据完整且准确，还需要完善与数据共享接口、数据权限等相关的政策。

### （2）学习孪生

与传统的学习空间依赖于个体的经验式管理不同，数字孪生泛在智慧学习空间的管理是基于数据治理模式。所谓学习孪生，指的是以数据的可视化为基础，通过综合应用机器学习、智能传感、人工智能等技术建立智能管理模型。通过利用大量的职能部门历史数据、实时产生的相关数据等进行训练，对管理的整个流程进行模拟和分析，智能管理模型的水平也将得到逐步提升，进而不仅能够协助某些部门的工作，甚至能够替代某些部门的工作，并变革教育体系的职能结构。

学习孪生阶段的重点是对教育体系涉及的人工智能算法进行调整或设计，进而从依赖于经验的管理模式转变为由可自主定性定量分析的算法模型主导的管理模式。

### （3）模拟孪生

进入模拟孪生阶段，包括教师的教学数据、学生的学习数据、教学设备的使用数据以及教育环境的相关数据等均能够通过可穿戴设备、物联网等进行实时高效的采集，能够实现万物互联的泛在智慧学习空间已经基本构建，教育活动的参与者也能够借助技术的优势改变传统的行为模式，比如：

● 学习者能够从对应的数字孪生体中获得自己所需的学习信息，了解自己的学习进程、学习效率等；

● 教育者能够通过对学生数字孪生体的操作调整自己的授课计划，获得最佳的教学效果；

● 教育活动的管理者能够基于对图书馆、课堂等数字孪生对象的分析，了解不同设施对于教育质量的影响，并调整教育配套设施的投入力度。

### （4）自主孪生

经过现状孪生、学习孪生、模拟孪生后，便能够进化为自主孪生，自主孪生是数字孪生应用的最高级阶段。在这个阶段，基于数字孪生的泛在智慧学习空间已经构建完成，空间内的各个节点不仅能够实现万物互联，而且可以借助边缘计算技术进行全域感知。因此，空间内任何能够通过物联网连接的资源实质上也是数字孪生体的数据获取渠道。在基于数字孪生的泛在智慧学习空间中，学习者能够通过与数字孪生体以及各种共生型资源的对话，精准判断自己的学习情况；教育者则会从项目学习出发致力于培养学生的元认知以及人机对话能力。

## 6.2.4　泛在智慧学习空间的应用模型

基于数字孪生的泛在智慧学习空间的应用模型（如图6-6所示）自下而上可以分为三个层级：最下层为基础边缘端，内容为配备了人工智能设备的数字孪生课堂；中间层为雾服务器端，内容为囊括多种场景的数字孪生学校；最上层为云生态系统端，内容为基于深度学习的云端教育生态系统。

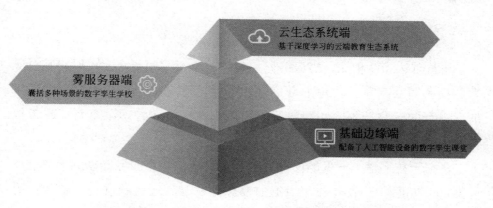

**图6-6　泛在智慧学习空间的应用模型**

### （1）基础边缘端

基础边缘端是泛在智慧学习空间中最为基础的组成部分，也即数字孪生课堂。不过，需要注意的是其并不局限于传统意义上的教室，比如操场、图书馆等教学场景也属于基础边缘端。基础边缘端能够采集课堂中与教育活动相关的各项数据，因此需要借助可穿戴硬件设备、边缘硬件设备以及传感网络，其中：

● 可穿戴硬件设备主要包括课堂中的个体（如学生、教师、学校管理人员等）所佩戴的智能手环、智能手表等，这些设备能够实时采集与个体相关的信息；

● 边缘硬件设备主要包括教室中配备了物联网系统的桌椅、白板、摄像头等，比如，在交互式白板中配置智能摄像头、感应笔等传感设备后，便可以实时记录教师的授课内容、授课时间、学生的专注程度等，为教师授课行为的分析提供数据支持；

● 传感网络主要采集教室的环境信息，比如教室的光照、空气质量、温度、湿度等。

基础边缘端不仅能够实时采集与教育活动相关的数据，而且可以高效处理部分相关数据。因此，边缘端具有数据收集、全域感知以及洞见生成等功能，而且基础边缘端获取的所有信息均可以实时传输至雾服务器端。

### （2）雾服务器端

与基础边缘端相比，雾服务器端囊括的学习空间更大，可以将其对应为包括不同数字孪生教室的数字孪生学校。除对各个基础边缘端的运行情况进行实时监控外，雾服务器端还需与教育行政管理以及教育政策执行等密切相关。

在基于数字孪生技术的泛在智慧学习空间中，雾服务器端的功能主要包括：一方面，接收基础边缘端的信息，并对其运行状况进行监控；另一方面，将分析的结果以及政策实施效果等上传至云生态系统端，为云生态端决策的制定提供依据。由于承担的角色与基础边缘端不同，因此雾服务器端需要着重于建立面向不同责任主体的分析模型。

### （3）云生态系统端

从生态学的角度来看，基于深度学习的云端教育生态系统是个人生态系统与社会生态系统的连接中介，而这也就要求云端教育生态系统应该具有一定的开放性，能够与个人生态系统以及社会生态系统进行信息交互。同时，云端教育生态系统作为泛在智慧学习空间应用模型的最上层，需要对教育生态系统的动态平衡进行预测和管理。此外，基于泛在智慧学习空间所建立的数据闭环体系，云生态系统端既能够着眼于教育体系的微观层面，也能够统领宏观的教育生态，从而提升教育决策的精准化、智慧化水平。

# Web 3.0

第 **7** 章

## 数字化教师+
## 智慧教育

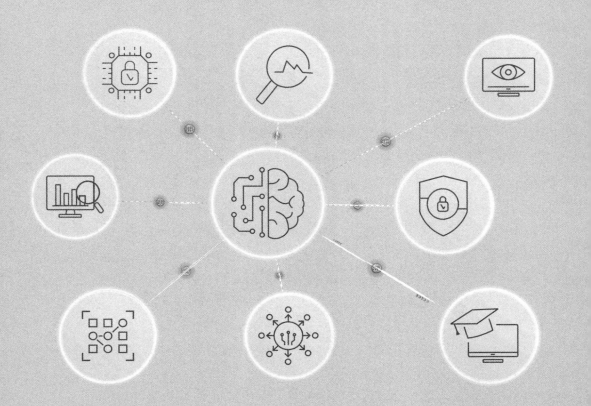

# 7.1　数字画像：数智驱动的教师评价改革

## 7.1.1　数据驱动的教师数字画像

近年来，大数据、人工智能、云计算等数字技术飞速发展，数据量爆炸式增长，数据采集技术不断迭代，同时，各类数字化技术在教育领域的应用也大幅提高了教师教研的数字化水平，推动教研走向以数据为主要驱动力的时代。

### （1）什么是教师数字画像

交互设计的提倡者阿兰·库珀（Alan Cooper）指出用户画像就是一种根据海量用户信息构建的虚拟用户模型。从本质上来看，构建用户画像的过程也可以看作为用户贴上数字化标签的过程，具体来说，用户相关数据是构建用户画像过程中必不可少的信息，因此构建教师数字画像也需要广泛采集教师的个人数据信息，并对这些数据信息进行聚类和抽象，同时对教师数字画像模型进行完善，并为教师画像生成能够明确表现教师特征的语义化标签。

就目前来看，医学、心理学、行为科学、情报科学等多个领域均积极发展和应用用户画像，力图通过用户画像来挖掘和解读用户数据，深入了解用户的实际需求和行为动机等潜在信息。不仅如此，基于计算机技术的用户画像还涉及画像建模、用户标签体系搭建、用户画像应用效果评估等多项工作，能够在全面掌握用户个性化信息的基础上实现精准推荐。

用户画像技术在教育领域的应用有助于提高学校的信息化水平，学校可以广泛采集和分析来源于学校信息化系统、校园网等平台的教师数据信息，并充分发挥数据挖掘等技术的作用，利用这些数据构建融合特征、需求、偏好、行为等元素的虚拟教师模型。

**（2）采集教师数字画像特征**

从特征方面来看，教师数字画像主要包括性别、年龄、民族、籍贯、学历、学位、政治面貌、研究方向和科研成果等直接特征和阅读偏好、科研偏好、消费偏好、上网偏好和运动偏好等间接特征。其中，直接特征主要来源于信息系统等平台，具有直观性和易获取性等特点；间接特征来源于对各项相关数据的分析处理和计算，无法直接获取。

学校在构建教师数字画像时需要广泛采集教师的基本信息、教育背景、个人荣誉、获奖证书、个人爱好、职业发展目标等数据信息，并将这些数据信息作为实际样本数据进行深入分析和综合处理，生成相应的数字化标签，以便明确反映教师的各项个性化特征，如图7-1所示。

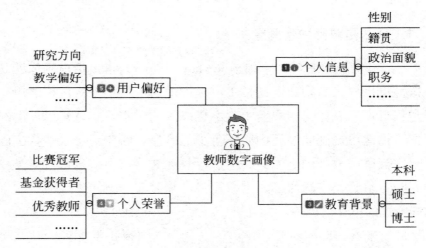

**图7-1　教师数字画像的内容**

教师画像标签具有语义化和短文本的特点，既能直接表示出标签的含义，也能有效避免非必要性的文本分析等预处理工作，为精准定位教师的个人特征提供了方便，同时也有助于相关人员理解标签中的内容，并借助机器高效获取标准化信息。

**（3）采集多模态教研数据**

教师专业发展全过程的各项多模态教研数据是构建教师数字画像过程中不可或缺的重要信息，学校需要充分利用这些数据掌握教师的教研情况，挖掘隐性信息，预测教师教研行为变化，并优化教研决策。

随着各类智能化技术在教育领域的应用越来越成熟，教研数据的生成速度越来越快，教研数据容量也在不断扩大，并逐渐形成教研大数据。教育是一项涉及教研等诸多内容的综合性、系统性工作，对决策的准确性要求较高，因此数据驱动的教师数字画像也需要具有较强的科学性和准确性。

一般来说，学校等教育教学组织通常使用网络技术、富媒体技术和感知技术来采集教研数据：

● 网络技术的应用能够通过教研社交网站、教研管理平台等精准高效地获取教师的教研行为相关数据。参与教研活动的教师都可以使用教研管理平台，并在平台中与其他教师交流沟通，组建教研共同体，并获取教研资料，开展听课和评课等多种教研活动，同时教研活动在开展的过程中也会产生大量具有较高价值的教研数据信息。

● 富媒体技术的应用能够广泛采集图片、文字、声音、影像和超链接等不同形式的交互式教研数据，融合了富媒体技术的教研管理平台覆盖了教学设计、课例视频等多种教研资源和教研实践成果，并以富媒体的形式呈现这些内容，因此能够增强各项教研室器具的可挖掘性，可以为教师教研提供有效支撑，但同时也提高了数据处理的难度。

● 感知技术的应用能够通过智能终端和可穿戴设备广泛采集教师的语言、行为、眼神、面部表情等信息，并深入挖掘教师教研内隐信息。

与其他的用户数据相比，教研数据既能够反映出教师群体的特征，也涉及学生数据等其他与教研活动相关的数据信息，因此通常具有更高的用户价值、对数据安全性的要求也更高，相关人员需要在获得许可的前提下采集和处理各项数据信息，充分确保用户个人隐私数据的安全性。

## 7.1.2　教师数字画像模型的构建

学校和教育机构等在构建教师数字画像时应充分确保教师相关数据以及基于这些数据的教师数字画像的真实性、科学性和精准性。教师数字画像模型是根据现实世界中的真实教师构建的虚拟化教师模型，能够预测教师的教研行为，优化教研服务，提升教研效率。

### （1）基于教师教研全过程的画像数据

在构建教师数字画像的过程中，学校和教育机构等需要利用相关技术手段广泛采集、整理并分析教师教研全过程的各项数据，提高画像的精准度，丰富画像维度。具体来说，教师教研数据主要包括以下几种类型，如表7-1所示。

表7-1　教师教研数据的类别与来源

| 教研数据分类 | 教研数据分类描述 | 主要的教研数据来源 |
| --- | --- | --- |
| 教师特征数据 | 教师的基本信息、教育背景、工作经历、通信信息等个人信息 | 教师人事系统、教研管理系统等 |
| 教研心理数据 | 教师参与教研的心理状态，包括满意度、效能感、兴趣爱好及其变化趋势等 | 可穿戴设备、网络问卷、访谈文本、脑机接口系统等 |
| 社会交互数据 | 教师通过网络与同伴和资源进行交互的数据 | 教研社交网站、教研管理系统、网络公开日志等 |
| 教研行为数据 | 教师参与教研活动产生的行为数据，如搜索、浏览、上传、下载、评论等 | 教研管理系统、教研社交网站、智能终端、视频采集系统 |
| 教研成果数据 | 教师在教研中伴随式产出的成果性数据，如教学设计、教学资源、科研论文等 | 教研管理系统、教师档案袋系统等 |

① 教师特征数据

教师特征数据主要指来源于教师人事系统、教研管理平台等的个人信息数据，通常具有结构简单、属性明确等特点，能够直观体现教师表征，为构建教师数字画像提供基础的数据支持。

② 教研心理数据

教研心理数据主要指来源于访谈和问卷调查的效能、满意度等心理状态数据，通常具有主观性强的特点，能够体现出教师在教研时的心理状态变化。现阶段，学校和教育机构等组织可以通过为教师佩戴可穿戴设备的方式实时采集教师的心跳、眼动、表情等生物特征数据，并对这些数据进行分析处理，以便降低教研数据的主观性。

③ 社会交互数据

社会交互数据主要指交互同伴、交互主题、交互时间、交互频率等各项与网络交互相关的信息数据，这些数据能够反映出教师在参与教研过程中的内隐交互情况，为实现教师兴趣预测和教师偏好预测提供数据上的支持。

④ 教研行为数据

教研行为数据主要指线上浏览、线上评论、在线磨课、在线听课、在线评课、教研资源下载等线上教研行为相关数据以及经过记录、标注、分析和数字化转换的线下教研行为数据。

⑤ 教研成果数据

教研成果数据主要指与教师在参与教研时产出的教学设计、教学案例和科研论文等数字化成果相关的各项数据，这些数据能够体现出教师的教研方向和教研成效。

### （2）教师画像模型构建方法

学校和教育机构等在构建教师画像模型的过程中应采用不同的方法对以上五项数据进行分析、处理和训练，并利用这五项数据构建教师特征模型、教研心理模型、社会交互模型、教研行为模型和教研成果模型，同时根据数据属性通过统计分析、建模分析和模型预测的方式来生成事实标签、模型标签和预测标签，如图7-2所示。

**图7-2　教师画像模型构建方法**

① 统计分析：生成事实标签

学校和教育机构等可以利用文本挖掘和自然语言处理等技术手段处理

来源于教研管理系统等平台的教师性别、年龄和教龄等真实的个人信息数据，并利用统计算法将这些数据转化成教师特征标签等事实标签。

② 建模分析：生成模型标签

学校和教育机构等教育教学组织可以对各项原始数据进行深入挖掘处理，并通过定义规则和关联数据等方式来生成模型标签，完善教师标签体系，同时借助建模分析来构建教师画像，并利用机器学习算法来处理数据训练集，充分把握各项相关数据的特征，以便在此基础上实现对教师画像模型的持续训练和优化，确保模型的精准性和有效性。

以反映教师教研满意度的数字化标签为例，学校和教育机构等需要广泛采集教师参与教研的时长、频率以及教研主题、教研过程中的互动频率、教研成果等数据信息，提高以上各项教师教研行为数据之间的关联性，并对这些数据进行综合分析，根据数据量、衰减因子、行为权重、随机误差、接触点权重之间的关系精准定义各项教师教研行为标签的权重，从而在此基础上生成能够准确反映教师对教研活动的满意度的数字化标签。

③ 模型预测：生成预测标签

学校和教育机构等可以在已生成事实标签和模型标签的前提下利用预测算法和聚类算法进一步优化教师数字画像模型，并生成能够根据教研数据预测教师专业发展情况的标签和能够根据教师的教研资源浏览情况预测教师需求的标签等多种预测标签。

因此，当出现教师学科信息丢失等问题时，可以利用社会交互模型中的预测算法对教师的各项日常教研交互信息中的关键词进行语义分析，全面了解处于教师交互圈中各个教师的任教学科，并据此判断教师的实际任教学科，以便为其推送符合其任教学科的教研需求的资源。

此外，学校和教育机构等在构建教师数字画像模型时应充分考虑各类画像标签之间的差别，并在此基础上选择合适的建模算法，不断对教师数字画像进行优化和完善，以提高教师数字画像的精准性。

## 7.1.3　数字画像在教学决策中的应用

教学是一项涉及内容较多且具有复杂性的系统工程，与教师、学生、教育环境等各个方面相关的因素均会对教师的最终教学效果产生影响。为了优化教学效果，教师需要全面了解影响教学效果的各项因素，据此构建教育数字画像，并深入分析各项因素与教学效果之间的相关性，以便在此基础上进一步优化教学策略。

近年来，信息技术飞速发展，智慧校园的建设速度不断加快，与学生相关的数据信息（年龄、性别、身体素质、阅读能力、知识结构、作业完成情况等）以及与教师教学相关的数据信息（教学状态、知识背景、备课情况和语言能力等）的获取难度大幅降低。在这些数据信息的支持下，学校等教育相关部门能够较为精准地构建学生或教师的数字画像。在教育数字画像的支持下，教师能够以学生为主体开展各项教学活动，围绕学生安排教学任务和课程内容，提高教学决策的精准度，并将各项教学决策落实到课堂当中，确保课堂教学的科学性、合理性和有效性，从而充分满足学生的个性化需求，为学生学习提供有效驱动力。

### （1）智能推荐：提供个性化教研资源服务

在学习者认知模型的基础上搭建的智能推荐引擎能够根据用户的实际情况为其推荐所需的各类资源，提供具有较强针对性的资源服务。教师兼具学习者和教研活动参与者的双重身份，十分需要利用大量优质教育资源和服务来为自身的专业发展提供助力。教师数字画像准确客观地反映了教师的个体特征，同时也能够动态更新和预测教师在兴趣、偏好和需求等方面的变化情况，教研资源的供应方可以据此来调整资源推荐等服务，提高自身的服务水平。

教师数字画像的应用能够有效提高教研资源推荐的精准度。教师数字画像中包含多种能够精准描述教师特征的数字化标签，其中社会交互标签和教研行为标签涉及教师的学习需求和学习风格等个性化信息，具有预测教师需求和偏好的作用。教研管理系统可以根据教师数字画像中的数字化标签来有针对性地调整资源组织形式和推送途径，为各个教师提供符合其实际需求的教研资源和信息化教学工具，并组建教研共同体，开展教研活动，加强各个教师之间的交互，帮助教师确定专业发展方向。在实际操作过程中，学校、教育机构等需要将所有的教师数字画像上传到教研资源智能推荐引擎当中，并对符合教师特征的学习者模型进行优化，对涉及教研资源的语义表征模型进行训练，全方位提高教师与资源之间的匹配度。

教师数字画像的应用能够有效提高以需求为中心的教研资源设计的精准性。教师数字画像中包含大量数字化标签，能够精准反映不同教师群体的教研资源设计需求，有助于教研资源开发人员全面了解各个教师群体的教研资源设计需求和偏好并量化各项教研资源设计的系统性评价，进而提高教研资源开发和投放的精准度，充分满足不同教师群体在教研资源方面的需求，同时这也可以有效避免因开发不当而造成的资源浪费。

### （2）智能配对：实现一对一的个性化辅导

教师参与教研活动不仅有助于提升自身的专业能力，也能够优化教学服务，为学生的学习和发展提供助力。随着个性化教学成为教育领域的热门话题，传统教学中"一对多"的教学方式逐渐难以满足学生的个性化学习需求。教师需要全面考虑学生的学习风格、知识接受方式、知识接受速度等各项因素，利用大数据分析等技术手段不断优化自身的教学方案，打造符合学生学情的课堂设计方案。

在双师课后服务模式中，学生不仅可以在学校中接受线下教师的教学服务，还能够通过网络平台获取线上教师提供的一对一个性化辅导服务。具体来说，平台能够构建基于教师教学风格相关数据和学生学习风格相关数据的模型，并利用该模型为学生匹配最合适的在线教师；当学生在学习中遇到困难时，平台可以根据学生画像与教师画像之间的匹配度为其推荐符合其当前学习需求的在线教师帮助其解决问题；平台还可以通过学生画像来实现对学生的认知结构、学习需求和学习短板等实际学习情况的全面把握，为教师开展个性化教学提供支持，帮助教师强化教学技能，并进一步提高教学水平。

### （3）数据挖掘：优化教学决策过程

为了充分发挥教师数字画像的作用，并利用教师数字画像优化教学决策，教师需要深入挖掘和分析各项教育数据，找出其中隐藏的教学问题。

从实际操作方面来看，首先，教师应采集调查问卷中的数据和课堂观察数据等多种数据，确保教育数据的多样性；其次，教师应对各项教育数据进行描述分析、聚类分析和预测，进一步明确影响教师教学效果和学生学习效果的因素，并通过对学生个体的分析找出造成不良影响的根本原因；最后，教师应充分利用各项教育数据来优化教学行为，提高决策水平，强化自身的专业素养以及学生的自主学习能力，激发学生的学习积极性。

近年来，数字化技术与教育的融合越来越深入，科学依据和教学实证在教师的教学决策中发挥的作用也越来越大。学校的教研人员和教师需要从数据分析结果出发开展教研活动，同时也要针对教研过程中发现的问题设计和完善教学方案，并积极推进教学方案落地。

## 7.1.4　数字画像在教师评价中的运用

教师评价是教学中能够有效反映教师教学决策合理性的重要内容。与传统教学相比，大数据时代的教学在教师评价方面的科学性更强，对影响学生学习效果的各项因素的分析也更加全面，教师可以利用教师数字画像实现对各项教学数据的深入分析，并根据分析结果实时优化教学决策。在数字教育时代，教师评价不仅要参考学生的考试成绩，还要利用教师数字画像来革新评价方式，全面分析学生的学习过程，进而为学生学习和教师教学提供帮助。

数据是改进和完善教育教学活动的重要资源，学校需要合理利用数字画像推进教师评价等工作，一方面借助增值性评价❶实时更新学生的发展变化，以便及时针对学生的实际情况改进教学决策；另一方面通过发展性评价❷全方位反映学生的学情，加强教师对学生整个成长过程的了解，并据此优化教学决策，以便强化对学生核心素养的培养。

---

❶ 增值性评价：国际上最为前沿的教育评价方式，不以考试成绩作为唯一评价标准，引导学校多元发展。

❷ 发展性评价：通过搜集信息对评价者和评价对象双方的教育活动进行价值判断，促进被评价者不断地发展。

### （1）促进教师的自我认知与发展

教师是教育领域构建数字画像的核心对象和关键服务用户。教师数字画像中包含大量具有语义明确特点的数字化标签，能够为教师的专业发展提供支持，同时也能够直观展示出教师在教研活动中的绩效表现，以数据化的形式呈现教师的各项信息，进而为教师客观认识和评价自身的在教研方面的实际情况提供支持。

a.教师可以利用教师数字画像实现对教研绩效的精准诊断和客观评价。教师数字画像能够帮助教师全面反思和审视自己在整个教研活动中的认知行为表现，发现自身在教研方面的优势和劣势，明确当前还未解决的问题，提高评价的合理性和客观性。

b.教师可以利用教师数字画像优化自身专业发展规划。教师数字画像能够为教师全方位了解自身的角色定位和不足之处提供支持，同时教师也可以据此设计和优化自身的专业发展规划，以便进一步提高自身的专业水平。

### （2）驱动教育决策者的循证管理

覆盖海量教师数字画像的教师画像管理系统可以生成相关地区或学校的教师发展报告，而教育部门或学校就可以通过发展报告了解地区或学校内教师的整体教研情况，并利用发展报告来实现循证化管理和教研活动监控，以便生成科学合理的教研决策。

① 教研活动的评价和管理

近年来，我国对教师队伍建设的关注度不断提高，为了提高教研效能，我国教师需要充分发挥教师数字画像的作用，通过对各项教研数据的分析提高教师专业发展相关评价的精准性和伴随式教研评价的客观性。对决策者来说，可以从教师数字画像报告中采集优秀学校和优秀教师的专业发展相关数据信息，并利用这些数据信息构建优秀教师画像数据库，以便共享教学经验和教研经验，帮助新教师快速提升自身的教研能力，实现协同发展。

教研效能不足的学校和教师应深入思考并找出影响自身教研效能的根本原因，同时也要学习优秀学校和优秀教师的教学经验和教研经验，优化教研资源分配和教研环境规划，积极寻求教研专家的指导和帮助，从自身的实际情况出发改进教研计划，并实时动态监测自身的专业发展情况。

② 区域教研资源精准配置

就目前来看，我国教育领域存在区域间教研资源分配不均、信息化水平差距大、教师队伍发展需求差异大等特点，教研人员需要全面分析不同地区的实际情况，并为各个地区提供个性化的教研资源配置方案，帮助教师开展和参与教研活动，为教师实现专业发展提供支持。

教师数字画像的应用能够有效提高教研活动的个性化程度，充分满足不同教师群体的教研需求，并激发教师的教研兴趣，提高教研效率。具体来说，在教师数字画像的支持下，教研人员可以分析教师群体特征，并针对各个教师群体的特征和实际需求设计研修活动，为教师提供更具针对性的研修服务，同时需求相近的教师也可以互相合作，组成小型工作坊，开展更符合自身需求的研修活动，提高研修活动的实质性效能。

教师数字画像的应用能够提高教育贫困地区的教育水平，缩小区域间教师队伍教研水平差距。具体来说，在教师数字画像的支持下，教研人员可以根据各个教育贫困地区的实际情况设计符合其需求的教研活动和教师发展规划，并向其提供相应的教研资源，帮助教育落后地区的教师和学校提高教研水平，进而达到提高教育质量的目的。

③ 关于教师队伍建设的政策制定

教师数字画像的应用能够在数据层面为相关部门的决策人员制定教师队伍建设政策和方针提供有效支撑。为了充分确保教师队伍建设相关政策的宏观导向性，决策人员需要通过教师画像库中的大量教师数字画像来获取与教师专业发展相关的各项数据信息，并对这些数据进行深入分析处理，以数据驱动决策，避免经验决策过程中的主观因素影响决策的准确性。

# 7.2 能力塑造：教师数字能力成熟度模型

## 7.2.1 智慧教育时代的数字化教师

随着5G、大数据、物联网、云计算、区块链和人工智能等新一代数字技术的快速发展和广泛应用，人类社会开始进入智能时代。在智能时代，教育行业将数字化技术作为强化教师能力的重要工具，利用各类先进的数字化技术来加强教师培养，建设高质量的教师队伍。

### （1）数字化教师：智能时代教育转型的内在要求

当前，人工智能等数字化技术在教育领域的应用促进了教育行业向数字化方向发展，教育逐渐呈现出数字化的特点，同时，数字化技术相关应用对教育领域的学术、政策和实践等方面的影响也成为整个行业和社会的重点关注话题。

● 2018年1月，中共中央、国务院印发《中共中央、国务院关于全面深化新时代教师队伍建设改革的意见》，针对新时代的教师队伍建设相关问题给出了答案，该文件明确指出"教师应主动适应信息化、人工智能等新技术变革，积极有效地开展教育教学"。该文件的出台为教育行业适应教育现代化对教师队伍的要求提供了指导，同时也进一步加快了我国教师教育改革的步伐。

● 2018年3月，教育部、财政部、国家发展改革委、人力资源和社会保障部、中央编办联合发布《教师教育振兴行动计划（2018—2022年）》，并在该文件中提出"充分利用云计算、大数据、虚拟现实、人工智能等新技术，推进教师教育信息化教学服务平台建设和应用，推动以自主、合作、探究为主要特征的教学方式变革"，鼓励教育行业加强教师队伍建设，打造高素质专业化创新型的教师队伍。

● 2021年8月，教育部批复同意上海成为教育数字化转型试点区。2021年11月，上海市教委发布《上海市教育数字化转型实施方案（2021—2023）》，并在该文件中明确提出"实施信息素养提升工程，健全师生信息素养培养体系"，为教育数字化发展打造良好的基础和环境。

由此可见，教育领域已经将人工智能等数字化技术看作促进教育教学高质量发展的重要工具，力图充分利用各项数字化技术和应用为教育教学赋能，借助数字化技术的力量提高教育水平、教育质量和教学效率。

教师培养是强化教师职业精神的重要方式，也是教育发展的内在要求。为了快速适应时代发展对教师的要求，我国需要进一步加强人工智能等数字化技术在教师培养方面的应用，推动教师培养走向数字化。

### （2）数字化教师的概念与内涵

数字化教师是现代化教学体系中的重要组成部分。随着时代的发展和社会的进步，智慧教育时代对教师的要求越来越高，数字化教师的内涵也出现了变化。传统意义上的数字化教师指在实际教学中能够熟练运用信息技术向学生传授知识和技能的教师，而智慧教育时代的数字化教师指拥有先进的数字化教育理念，能够综合运用多种新兴数字技术并整合大量数字化资源来对教育教学工作进行优化升级的先进教师。

具体来说，智慧教育时代的数字化教师的内涵主要体现在以下几个方面：

① 先进的数字化教育理念

智慧教育时代的数字化教师拥有先进的数字化教育理念，高度重视对教育资源的利用，且能够明确认识到数字化学习的重要性，在实际教学活动中通常会充分发挥数字资源和数字技术的辅助作用，积极培养受教育者在数字技术方面的学习兴趣，不断强化受教育者的数字技术应用能力，真正将数字化教育落实到各项教育教学活动中。

② 出众的数据分析及创造数字资源的能力

智慧教育时代的数字化教师能够高效采集、理解和分析数据信息，并充分发挥大数据等数字化技术的作用，明确各个学生在学习方面存在的个性问题和共性问题，从各个学生的实际情况出发制定符合其实际学习和发展需求的教学方案，进而提高教学的针对性。不仅如此，数字化教师还需要充分认识到教学评价的重要性，通常会广泛采集各项相关数据信息，综合分析过程性评价和成果性评价，并根据分析结果对教学方案进行优化，以便进一步提高教学效率。

③ 利用数字技术创新教学方式

智慧教育时代的数字化教师会充分发挥数字技术和数字资源的辅助作用，对教学方式进行优化创新，并利用数字技术来强化师生之间的联系，通过数字化终端来与学生进行交流和沟通，进而在沟通的过程中获取学生的学习情况等信息，以便根据学生的具体情况优化教学方案，同时也可以利用各类数字化工具优化教学效果。

④ 数字伦理性原则的坚持

智慧教育时代的数字化教师在使用数字产品时应始终坚持数字伦理性原则，在国家版权规定以及其他各项相关法律法规允许的范围内使用数字化技术，管理数字资料，充分确保各项数据的安全性。同时，数字化教师也需要注意数字产品的使用强度，在使用数字产品来实现高效教学的同时最大限度地避免地数字产品对学生造成的不良影响。

## 7.2.2　教师数字能力培养的演进与发展过程

进入数字化时代，各个行业和领域均不可避免地会受到数字技术的影响。就教育领域而言，数字技术不仅能够创新教育思维，变革教育模式，更能够切实影响其中每个群体的活动方式和行为模式。比如，作为教育活动的主导者，教师具备数字能力能够更合理地整合教育资源，贯彻因材施教的教育理念。

实际上，伴随数字技术的发展，教师数字能力的培养问题越来越被重视。对教师数字能力培养的演进与发展过程进行梳理，可以发现其主要经历了以下三个阶段，如图7-3所示。

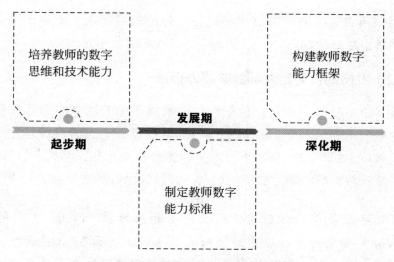

**图 7-3　教师数字能力培养的演进与发展过程**

### （1）起步期：培养教师的数字思维和技术能力

2001 年，教育游戏专家马克·普伦斯基（Marc Prensky）提出了一个全新的概念——"数字原住民"（Digital Natives），指的是伴随互联网而成长起来的一代人。由于在成长的过程中一直被电脑、智能手机等能够便捷连接网络的设备所包围，因此"数字原住民"获取信息、娱乐和进行人际交流等的方式与以往的群体具有很大的不同。但与此同时，成为"数字原住民"并不意味着个体天生就能够理解、掌握、提升自己的数字能力。为了提升个体的数字能力、使得个体能够更好地驾驭数字技术、保证个体创造性地参与数字社会，近年来某些国家和地区已经出台相关的政策并制定了系统的课程。2006 年欧盟发布的"On Key Competences for Lifelong Learning"中提到了数字能力，随后研究者针对不同的社会对象，开始了对数字能力的研究和实践。

具体到教育领域的实践，教师数字能力的培养至关重要。这是因为：一方面，教师的数字能力决定了其在数字化时代能否高效地获取资源并借助数字化工具提升自己的授课水平；另一方面，教师数字能力的高低将在一定程度上影响其对学生数字能力的培养。教师既是教学活动的主导者，也是学生身心发展过程的教育者、领导者、组织者，优秀的教师应该能够随着数字时代的发展不断提升自己的数字能力，为学生适应数字社会奠定良好的基础。

### （2）发展期：制定教师数字能力标准

数字能力是一个概括性的概念，要培养个体的数字能力就需要对这个概念进行分析和拆解，使数字能力的培养具有一定的可操作性。国内外相关领域的机构和专家对将技术整合到教师专业知识结构中进行研究，构建了反映教师数字能力的指标体系，并延伸出教师数字能力标准。

2005年，美国学者科勒（Koehler）和米什拉（Mishra）在舒尔曼（Shulman）提出的学科教学知识PCK的基础上提出TPACK模型，将技术整合到教师专业知识结构中。此外，美国佛罗里达教育技术中心的研究人员开发的TIM技术整合矩阵，目前已经升级到第三个版本；2006年，Ruben Puentedura博士开发了SAMR模型，该模型旨在指导教师将技术整合运用到他们的课堂中，是选择、应用和评价技术教育应用的一个创新模型，并指出技术整合的深度越深、复杂性越高，改变课堂的能力也就越强，也就越容易实现更高阶的教学目标。

教师数字能力标准将教师应该具备的数字能力划分为两类：其一，个人的专业能力，这种能力主要侧重于教师对于数字技术的掌握以及将其应用到教学中的能力，因此又可以细分为有效利用数字信息的能力、参与专业网络的能力和持续进行专业学习的能力；其二，个人的伦理能力，这种能力主要侧重于教师能够在教学的过程中引导和帮助学生以合理、合规、可持续的方式利用数字技术辅助学习。

2014年教育部开始实施"全国中小学教师信息技术应用能力提升工程"，2014年教育部办公厅发布了《中小学教师信息技术应用能力标准（试行）》，关注教师信息技术应用能力的"基本要求"，该标准从技术素养、计划与准备、组织与管理、评估与诊断、学习与发展等五个维度对教师在教育教学和专业发展中应用信息技术提出了基本要求和发展性要求。

### （3）深化期：构建教师数字能力框架

数字能力作为未来技术技能人才的核心能力，迫切需要教师转变理念实现数字技术的创新应用，培养学生高阶能力，通过提升自身数字能力推动学生数字能力的提升。各国政府、国际组织纷纷开展教师数字能力框架的研究，2023年，我国教育部推出教师数字素养框架，包括5个一级维度、13个二级维度和33个三级维度，其中一级维度包括数字化意识、数字技术知识与技能、数字化应用、数字社会责任、专业发展等5个方面，将用于对教师数字素养的培训与评价。2017年欧盟委员会发布了欧盟教育工作者数字素养框架（DigCompEdu），国际技术与教育协会ISTE于2008年首次发布了针对教师的"ISTE教师标准"（ISTE Standards for Teachers），并在2017年更新了该标准，称为"ISTE教师标准2017版"。西班牙、英国、哥伦比亚、澳大利亚等也相续提出了教师数字能力框架。国外不同机构提出的教师数字能力框架如表7-2所示。

表7-2　国外不同机构提出的教师数字能力框架

| 机构 | 时间 | 内涵 |
| --- | --- | --- |
| 美国图书馆协会 | 2011年 | 发现、理解、评估、创造与传播各类数字信息的能力；有效利用不同技术检索、分析与判别信息的能力；利用技术开展沟通与协作的能力；开展终身学习、保护个人隐私与信息管理的能力 |
| 英国联合信息系统委员会 | 2015年 | 信息素养、数据素养和媒体素养；利用数字技术进行创作、问题解决与创新的能力；利用数字技术交流与协作的能力；利用数字技术开展持续专业发展的能力；数字身份认证等 |
| 欧盟委员会联合研究中心 | 2017年 | 专业能力；教学能力；学习者能力 |

实际上，自互联网诞生以来，信息技术的发展过程也即数字化的演进过程，教师应具备的数字能力也伴随这个过程有了不同的含义。比如，大数据技术的发展以及与教育领域融合的不断深入要求教师具备良好的数据素养；数字化设备在教育领域的普及要求教师具备视频剪辑等相关的技能。不过，教师的数字能力归根结底还是聚焦在教师运用数字技术处理信息方面。

## 7.2.3 教师数字能力标准模型的构建

数字技术的发展及其与教育领域的融合，对教师的能力和素养提出了更高的要求。一个合格的教师不应该仅仅具备专业的学科授课能力，也应该具备信息技术应用能力等数字能力。而教师数字能力的培养应该以数字能力标准模型的构建为前提。

### （1）教师数字能力标准模型的构建原则

综合教师的职业要求以及教育领域的数字化特征，教师数字能力标准模型的构建需要遵循以下原则。

a.构建教师数字能力标准模型需要体现数字技术的价值。时代的发展要求教师具备综合素质，但需要注意的是教师的核心能力是教学能力和专业发展能力，因此其对于数字技术的应用需要不仅能够提升教学质量，而且要有助于个人的专业发展。如果教师具备良好的数字素养，那么大型开放式网络课程、微课等新型的教育模式并不会威胁教师的地位，反而能够成为教师授课的重要补充。

b.构建教师数字能力标准模型需要体现教师在教育活动中的角色、地位以及教育方法的创新性和突破性。数字化时代的到来，使得线上与线下相结合的混合教育模式盛行。混合教学模式的成果在一定程度上依赖于教师的数字素养和数字能力，比如，教师能否灵活运用数字技术为学生创建良好的学习环境、选择适当的教学方法、带动学生之间的互助协作、科学评价学生的学习成果等。

c.构建教师数字能力标准模型需要重点考察教师是否具有自主学习和终身学习的意识和能力。随着大数据、物联网、人工智能、数字孪生等新兴技术的不断发展，技术在教育领域的应用前景也越来越广阔，教师要具备良好的数字能力必须具有自主学习和终身学习的意识和能力。具体来说，教师需要培养自己的数字意识，养成数字化学习习惯，并注重数字技术与教学活动的深入、创新融合。

d.构建教师数字能力标准模型需要将教师作为数字时代的研究者。进入数字时代，教师在利用数字技术提升自己教学水平的同时也承担了数字技术使用者的角色，这就要求教师除了要学习数字技术、提升自己的数字能力，还应该具备研究者的思维，思考数字技术在教育领域的应用空间和应用价值。作为数字化时代的研究者，教师需要具有对于数字技术的探究意识，学习运用数字化工具设计教学环境或进行对比研究等，掌握运用数字化工具记录、分析教学过程的能力。

e.构建教师数字能力标准模型应该以未来理想化的教师形象作为对比对象。具备数字能力的教师不仅应该擅长处理教育活动中与其他关联个体（学生、家长等）或组织（学校、教育机构等）的关系，更应该善于运用数字工具和手段处理上述关系，有效提升工作效率，通过与家庭、社会等的有效连接促进学生的全面健康发展。

### （2）教师数字能力标准模型的主要内容

基于以上提到的教师数字化能力标准模型的构建原则，教师数字能力标准模型的主要内容应该如图7-4所示。

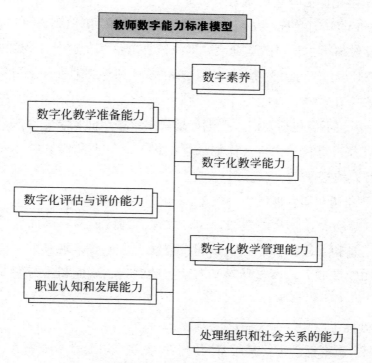

图7-4　教师数字能力标准模型的主要内容

① 数字素养

教师的数字素养主要包括：根据学科讲授的需要选择合适的数字化工具的能力；根据教育过程中遇到的问题选择数字化手段的能力；利用数字化工具创建新的教学内容的能力；利用数字化工具为学习者推送资源、与学习者高效交流的能力；利用数字工具采集、处理、存储教学相关信息的能力；较强的数据安全和个人防护意识。

② 数字化教学准备能力

在教学的过程中，教师充分利用数字化工具能够更加高效地搜集相关信息、充实备课内容、为学生创建良好的学习环境等。

③ 数字化教学能力

具备数字化教学能力的教师应该：一方面，实现线上与线下教学的有机融合，以学生为中心进行混合式教学；另一方面，利用数字化工具加强学生与教师、学生之间以及学生与其他教学主体之间的沟通和互动。

④ 数字化评估与评价能力

对学生的学习状况、学习成果进行准确的评估和评价，不仅有利于了解教学模式与学生学习的适配度，而且能够为后续的教学过程提供参考。因此，教师应该善于利用数字化工具和手段评估学生的真实学习状况。

⑤ 数字化教学管理能力

教育活动不仅包括知识讲授也包括教学管理，而教学管理按对象的不同又可以分为对教学内容（比如教学结果）的管理和对教学环境（比如教学设备）的管理。

⑥ 职业认知和发展能力

教育活动关注学生的成长，同样关注教师的成果。因此，教师运用数字化工具和手段提升职业认知和发展能力也能够体现其数字能力。职业认知和发展能力具体包括对学科动态的洞察、研究和进行职业规划的能力。

⑦ 处理组织和社会关系的能力

教师的教育活动需要接触不同的个体、组织以及社会关系等，因此其利用数字化工具处理与组织和社会关系的能力也能够体现其数字能力。

# 7.3　体系建设：构建教师数字能力培养体系

## 7.3.1　数字技术赋能教师高质量发展

数字化技术在教育领域的应用为我国的教师队伍建设工作提供了强有力的支撑，也推动了教育领域的快速革新。数字化技术能够在教师的教育活动中发挥重要作用，具体来说，其作用主要表现在以下两个方面。

**（1）促进教育领域的均衡化、可持续发展**

在智能时代，我国可以充分发挥数字化技术的力量，构建用于教育的数字化系统，并在此基础上革新教师教育模式，促进教育行业实现均衡化、可持续发展。

2021 年 8 月，教育部等九部门印发《中西部欠发达地区优秀教师定向培养计划》，该计划也被称为"优师计划"，北京师范大学在数字化技术的支持下积极响应该计划，借助数字化平台进行宣传，并面向多个中西部省份招生，同时也利用大数据和人工智能等先进技术为教师赋能，升级各项教育技术课程，大力培养师范生的信息化教学能力和大数据分析能力，并通过虚拟教研等数字化方式为学生提供教学实践服务，让学生能够身临其境地感受乡村教学环境，从而为中西部地区培养出信息素养高的教师，提高乡村学校的教学水平。

不仅如此，我国各地的师范高校均可根据"优师计划"来调整人才培养方向，在教师教育等方面对中西部地区进行定向帮扶，并在数字化、信息化和智能化技术的支持下通过智能同步课堂等方式加强不同地区各个学校之间的合作，帮助中西部地区建设区域教育资源公共服务平台，为中西部地区开展智能教学实践提供方便。

除此之外，我国还需要在中西部地区建设具有智能遴选、精准推送等功能的教师智能研修平台，帮助中西部地区的教师及时获取所需的研修资源，进而为中西部地区的教师提升自身能力提供方便，为师范生的职后发展提供保障。

### （2）促进教育资源共享、提高教育帮扶精准度

技术的创新发展和应用能够革新人们学习知识和掌握技能的方式。近年来，数字化技术飞速发展并被广泛应用到各个领域当中，其中数字化技术在教育领域的应用促进了教育教学创新发展，教育行业需要及时适应教育教学创新发展带来的变化，不断加强数字化资源建设，为行业内的各方参与者共享教育教学数字化资源提供支持，最大限度地防止出现各个地区之间数字化教育资源差距较大的现象。

近年来，教育行业积极借助数字化技术进行改革，力图在革新教育教学体系的同时优化教育机制，并加强5G、大数据、云计算和人工智能等先进技术在教育教学中的应用。由此可见，数字化技术与教育教学的融合能够服务乡村振兴，促进教育教学资源共享，也能够进一步提高信息时代教育帮扶的精准度。

具体来说，大数据、云计算、人工智能、虚拟现实等数字化技术的应用能够为教师提供实物情景、实训操作等教育教学资源，教师也可以通过基于数字化技术的教学云平台线上培训研修系统来共享微课、慕课和直播课等课程资源，并将数字化技术融入教育教学工作中，打造全新的线上课程体系，进而提高数字教育资源的丰富性，达到优化完善数字教育资源体系的目的。

"互联网＋本地化"教育的落地为我国实现教育教学资源共建共享提供了强有力的支持，我国教育领域既可以在"互联网＋本地化"教育的支持下充分发挥互联网的作用，通过网络来共享教学人才和双师课堂、AI课堂等优质教育资源，也可以将短期实地支教和长期网络支教结合起来，全方位助力乡村薄弱学校完善各项国家规定课程，提高乡村薄弱学校的教育质量，同时还可以在互联网的支持下进一步提高教师培训的信息化和智能化程度，并制定和完善教师专业发展测量与评估机制。

总而言之，在相关政策的支持下，我国各学校大力推进数字化新型基础设施建设，革新教育模式，推动线上教育与线下教育互相融合、协调

发展，提高教育的数字化和智能化程度，并助力优质教育资源共建共享，打造智能化的教师教育体系。这些举措为我国实现乡村教育振兴提供了强有力的支持，同时也促进了教师教育改革，为信息化时代的教师队伍建设工作提供了助力。

## 7.3.2  教师数字能力培养的路径

近年来，人工智能等新兴技术飞速发展，教育行业开始将融合了人工智能技术的机器设备应用到教育教学工作当中，以便在一定程度上减轻教师的工作压力，同时也充分发挥互联网的作用，为学生检索信息提供方便，让学生能够借助网络高效获取知识。不仅如此，信息技术的快速发展也促进了教师角色的转换，教师需要积极学习数字化教育理念，提升自身的数据分析能力、数字技术应用能力和数字资源整合能力等，实现从传统教师向数字化教师的转变。

教师是教育活动的重要参与者，在智慧教育时代，教师需要强化数字化教育理念，并在此基础上综合利用数字技术和数字资源为教育教学活动赋能，优化教学方法，提高学生的创新能力、问题处理能力和数字化学习能力，增强学生对学习的积极性和主动性，进而驱动教育领域革新教育教学模式。

### （1）教师数字能力培养要求

近年来，我国大力推进"三通两平台"建设，不断加快实现宽带网络校校通、优质资源班班通、网络学习空间人人通的速度，积极构建教育资源公共服务平台和教育管理公共服务平台，同时5G等先进技术快速发展，各类信息化设备的应用越来越广泛，各行各业都在积极推进数字资源共建共享工作，这些举措改变了原本的教学环境，让智慧教育时代的教师可以为学生提供更加丰富多样的教学内容和教学模式。

与此同时，智慧教育时代的教师也需要具备数字技术应用能力和数字资源整合能力，具有胜任线上教学、线下教学以及线上线下教学相结合的能力，能够充分利用数字资源对教学活动进行优化，提高教学质量。

① 掌握前沿数字技术

数字科技包含大数据分析、人工智能、区块链、虚拟现实和增强现实等多种数字化技术。随着数字化技术的应用日渐广泛，人们的日常生活和工作与数字化技术之间的联系也越来越紧密，就目前来看，数字技术已经成为数字教师必须掌握的关键技术。

② 整合多种数字教育资源

数字资源包含网页、电子图书、电子期刊、多媒体资料和数据库等资源。在智慧教育时代，各行各业的信息化程度越来越高，数字资源开放共享，教师可以通过网络等平台获取大量数字化教学资源，并利用这些数字资源优化教育教学活动，提高教学知识的丰富性和全面性，以便打破教材的限制，进一步扩大学生的知识面，帮助学生全面掌握各科知识。

③ 关注学生需求及成长

学生的学习习惯、学习兴趣和学习情况等各不相同，因此对所有学生采用相同的要求不利于学生的个性化发展。数字化技术在教育领域的应用能够有效革新教育模式，帮助学生打破各项限制，教师也需要利用数字化技术来提高学习内容与学生的学习兴趣之间的契合度，充分满足学生的个性化学习需求，助力学生实现个性化发展。

### （2）教师数字能力的培养路径

我国教育领域需要加强对数字教师的培养，具体来说，我国相关政府部门、学校以及教师个人都需要为推动传统教师向数字化教师转型提供助力，积极推进数字化教师培养工作。

① 政府加强数字教育技术的宣传，及时更新教师教学理念

对我国相关政府部门来说，在推进数字教师培养工作的过程中，应大力宣传数字教育技术，鼓励教师更新教育教学理念，帮助教师深入理解数字教育技术、数字资源以及信息技术在教育教学活动中的重要性，并提高教师参与数字教师培养活动的积极性和主动性。

② 学校组织专业的教学培训，培养教师的数字化教学能力

对学校来说，在推进数字教师培养工作的过程中，应开展专业的数字化教学培训活动，让教师在培训中了解和学习数字化知识和数字化技术，

通过培训来帮助教师革新教育理念，提升教育技术应用能力，进而创新教学模式，优化学习环境，达到提高学校和教师的教育水平的目的，为整个教育行业的快速发展提供助力。

③ 教师利用优质数字教育资源，扩展自身的知识储备

"三通两平台"建设助力教育行业实现了宽带网络校校通、优质资源班班通和网络学习空间人人通，"一师一优课，一课一名师"活动的开展也为教师之间互相学习提供了方便。在智慧教育时代，教师可以借助网络和各种数字化技术获取丰富的数字教育资源，并整合各个学科的优质数字教育资源进行学习，在提高自身的专业知识素养的同时扩充知识储备，从而在一定程度上强化自身的教学能力，提高教学质量和教学水平。

对教师来说，数字化技术的发展既是机遇也是挑战。随着数字化技术的飞速发展，教学环境、教学要求等不断变化，教师需要及时适应各项变化并顺势提升自身的数字化技术应用能力，充分发挥数字化技术和数字资源的作用来培养学生的数字适应能力、数字学习能力和创新创造能力，强化学生的批判性思维和创新思维。

## 7.3.3 创新教师数字能力评价指标体系

一直以来，传统的教育模式就存在多种弊病，比如，教育资源分配不均，教学评估不够准确全面，教学计划不具有针对性，教育管理大而化之等。数字技术在教育领域的应用能够提升教育资源的价值，进而为教育质量的提高提供助力。而要推动教育的数字化转型，需要教师培养良好的数字能力，能够运用数字化的技术和手段进行学科讲授、加强与学生之间的互动交流。

由于每个教师对数字技术的认知、对数字工具的应用水平、原有的信息技术水平等具有比较大的差异，其运用数字化技术和手段能够达到的教学水平也各不相同，因此，创新教师数字能力评价体系已经成为数字时代教育领域的重要课题。

然而，教师的数字教学能力水平目前不一，教师们在使用和运用信息技术进行教学活动时存在着各种技术和学术方面的缺陷，从而影响到教

师的教学水平和教学效果，因此，教师的数字能力评价指标体系成为当前研究的重要课题。

教师数字能力评价指标及其评价准则如表7-3所示。其中，教师数字能力评价一级指标共包括七个，涵盖了教师在数字时代的教育过程中应该具备的素养和能力；而每个一级指标又分别涵盖了不同的二级指标，对一级指标的含义和内容进行了细化；此外，对应二级指标还有相应的评价准则，需要注意的是，评价准则并不与二级指标一一对应。以数字素养这个一级指标为例，其共包括四个二级指标，分别从不同角度对教师应该具备的数字素养进行说明和阐释，评价准则共有五条。

表 7-3　教师数字能力评价指标及其评价准则

| 一级指标 | 二级指标 | 评价准则 |
|---|---|---|
| 数字素养 | （1）描述并展示数字化技术的使用方法；<br>（2）描述并展示数字化文档处理方法，图片、视频、音频、动画等相关软件的基本使用方法；<br>（3）说明辅导、训练及练习软件的功能和用途，以及它们如何支持学生学科知识的学习；<br>（4）找到现存教育软件和网络资源，并对其准确性及与课程标准的契合度进行评估，将其与学生的特定需要匹配 | （1）针对给定的一个具体学习活动，鉴别此活动的数字化设备需求；<br>（2）使用数字化搜索工具支持学习活动；<br>（3）根据给定的场景，选择最合适的数字化软件；<br>（4）使用数字化软件来管理和共享学生数据以及课堂数据；<br>（5）使用数字化技术支持交流和协作 |
| 数字化教学准备能力 | （1）描述如何使用教学法及数字化技术支持学生对学科知识的获取；<br>（2）将特定的课程目标与特定的数字化环境与资源相匹配，并了解这些应用如何支持课程目标的实现 | （1）将数字化技术与知识讲授和学习理论模型结合；<br>（2）使用数字化资源设计学习活动以支持一个具体的教学目标，支持及时且自发的学习交互 |
| 数字化教学能力 | （1）在教学准备中设计恰当的数字化教学活动来支持学生对学科知识的掌握；<br>（2）设计数字化软件和数字化教学资源来支持教学；<br>（3）帮助学生掌握数字化技能； | （1）使用数字化环境与资源向学生呈现真实问题场景；<br>（2）针对一个给定的学习活动，确定如何将数字化资源整合到活动中； |

| 一级指标 | 二级指标 | 评价准则 |
|---|---|---|
| 数字化教学能力 | （4）设计在线学习材料，支持学生深度理解关键概念及其在真实问题中的应用 | （3）针对同一个给定的基于项目的活动，将数字化资源整合到活动中 |
| 数字化评估与评价能力 | （1）使用数字化技术对学生学科知识的获得情况进行评价；<br>（2）为学生学习上的进步提供数字化过程性评价及总结性评价 | （1）针对给定的一个课程目标和标准，融合数字化技术支持的教学和评价资源；<br>（2）选择一项合适的数字化技术工具来监测和分享学生的学习数据 |
| 数字化教学管理能力 | （1）将数字化教学环境融入正在进行的教学活动中；<br>（2）管理数字化环境中个体与小组对于数字化资源的使用；<br>（3）使用数字化软件来管理、监控与评估学生项目的开展进程 | （1）在数字化环境中管理个人、小组及较大团体对数字化资源的使用；<br>（2）管理数字化环境与资源相关的协调及社会互动 |
| 职业认知和发展能力 | （1）使用数字化技术与资源提高自身学习效率；<br>（2）使用数字化资源提高自身对专业知识和教学知识的获取效率；<br>（3）鉴别和管理数字化环境的安全问题 | （1）使用数字化资源提高教师的工作与学习效率；<br>（2）使用数字化环境与资源支持教师专业学习；<br>（3）使用数字化工具提高自身的安全和道德意识 |
| 处理组织与社会关系能力 | （1）使用数字化技术访问外部专家和学习社区，以支持自身的教学活动和专业发展；<br>（2）使用数字化工具与学生、同行、家长或更大的群体进行交流与合作 | （1）使用数字化资源优化与同行、学习者、学校管理层和家长之间的交流与合作；<br>（2）运用数字技术与外部专家、学习社区合作，通过合作支持自身专业发展 |

## 7.3.4　教师数字能力培养的未来展望

2023年3月23日，教育部召开新闻发布会并表示，2022年我国共有专任教师1880.36万人。教师是人类灵魂的工程师，也是我国作为教育强国的第一资源，同时高质量的教育离不开高质量的教师队伍，而高质量的教师队伍能够助力教育实现数字化转型和创新发展。

教育的数字化转型指将数字技术融入教育当中，利用数字技术推动教育向数字化方向发展，而教师发展的数字化转型指将数字技术融入教师职前职后发展的各个环节，利用数字技术为教师发展赋能，推动学习、治理和服务实现创新发展，助力教师队伍实现可持续发展。

未来，教师数字能力的培养将呈现出以下三个方面的趋势，如图7-5所示。

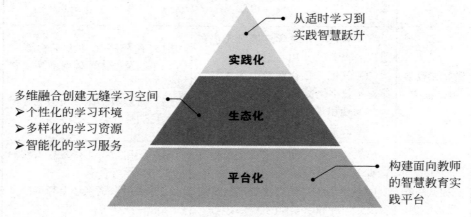

**图7-5　教师数字能力培养的主要趋势**

### （1）平台化：构建面向教师的智慧教育实践平台

现阶段，许多学校都已构建了包含教师工作平台在内的信息化平台，教师可以通过学校的信息化平台高质高效完成备课、授课、作业发布、作业批阅、作业评价和家校沟通等工作。一般来说，不同的功能往往分散在不同的构件当中，基于网络的系统架构可以连接起各个构件，并整合各项功能、资源和数据，因此教育行业需要充分落实教育部提出的"三通两平台"建设，不断加大智慧教育平台建设力度，并构建面向教师的智慧教育实践平台概念模型，如图7-6所示。

智慧教育实践平台是在智慧教育环境的基础上构建的智慧化教育空间，主要由数字工作空间和数字学习空间构成，其中数字工作空间主要

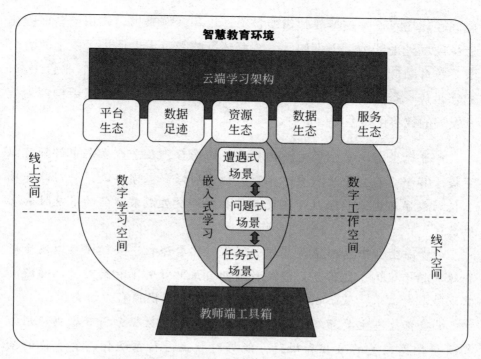

**图 7-6　面向教师的智慧教育实践平台概念模型**

服务于各项教育教学活动，数字学习空间主要服务于专业发展，同时两个空间互相作用还可以为教师提供用于嵌入式学习的数字空间，为教师的智慧教育实践提供任务式场景、问题式场景和遭遇式场景等多种场景。

● 任务式场景支持教师对教学设计、活动组织、课堂管理等各项工作进行预先设计；

● 问题式场景支持教师利用各项知识和技能来处理在教育教学、学生管理和家校沟通等工作中遇到的各类难题；

● 遭遇式场景支持教师充分发挥各项硬技能的作用并综合运用软技能来处理教育教学中出现的即时性问题。

任务式场景、问题式场景和遭遇式场景三者之间各自独立，同时也存在相互补充和转化的关系。具体来说，当任务式场景在数据分析过程中发现问题时会转化成问题式场景，并支持教师通过理论学习和案例学习等方式来处理问题；当遭遇式场景中出现无法即时应对的情况时会转化成问题式场景，并支持教师借助各项理论和案例来扩充知识储备，强化应急问题处理能力。不仅如此，教育环境的智慧化也促进了线上教育与线下教育融合发展，学校和教育机构合理在线上空间搭建包含平台生态、数字足迹、资源生态、数据生态和服务生态在内的云端学习架构，为教师发展的数字化转型提供支持。

● 平台生态中融合了大量互相连接的平台，在平台生态中教师可以穿梭于各个平台当中进行自主学习、协同研修和教学实践，并在此基础上借助数字足迹来确保教师表现评估和教师发展成果评估的准确性和客观性；

● 资源生态中包含了大量核心课程、拓展课程、兴趣课程以及主题资源和精选案例，能够充分满足教师的自主学习需求和针对性问题解决需求等多种需求，从而在资源层面为教师发展提供强有力的支持；

● 数据生态主要涉及数据采集、数据存储、数据分析和数据应用等各项与数据相关的流程和规范，能够对数据进行系统化、智能化的治理，并优化各项数据，提高数据的长期使用价值；

● 服务生态中融合了多种智能技术应用，能够充分确保咨询、诊断、建议和干预等功能的专业化和智能化程度，同时教师也可以利用线下空间的教师端工具箱中的智能备课系统、智能教研平台和课堂分析系统等智能教育工具来完成各项教育教学工作，提高人机之间的协同性。

### （2）生态化：多维融合创建无缝学习空间

① 个性化的学习环境

教师数字化平台架构中包含众多互联互通的数字化平台和数据流，能够为教师学习新的知识和技能提供良好的数据生态，打造个性化的学习环境，同时教师数字化平台也能够通过数据埋点设计和建设广泛采集教师的在线学习相关数据以及线下实践产生的多模态数据，并促进二者之间互相转化，以便实现精准高效的教师认证与评价。

② 多样化的学习资源

多维融合的数字化学习空间中有数字化课程资源、智力资源、互动社区、动态资源等多种学习资源，既能为教师开展教育教学实践提供助力，也能为教师与其他优秀教师之间进行交流学习提供方便，从而在资源层面为教师学习提供支持。

③ 智能化的学习服务

多维融合的数字化学习空间能够为基础教育、高等教育和教师发展提供多种智能化的学习服务。具体来说：

- 在基础教育方面，数字化学习空间能够有效推进大数据建设和应用，并打造智能助手应用，为教师的创新培养、智能研修和智能教育素养提升提供支持，帮助教育贫困地区的教师学习新的教育知识和技能；
- 在高等教育方面，数字化学习空间能够为学校建设智能教室和教师发展智能实验室提供帮助，并推动教师大数据建设和应用，帮助教师进一步提升教育素养；
- 在教师发展方面，数字化学习空间具有教师群体画像、教师认证测评、教师队伍建设和教师生态治理等多种功能，能够为教师的专业发展提供保障。

### （3）实践化：从适时学习到实践智慧跃升

数字化技术的发展和应用提高了教育工作场景的多样性，为了及时适应不同的工作场景，确保专业发展的可持续性，教师需要积极融入教师群体和教育专家群体，增强与其他教育工作者之间的互动，完成从学习者到实践者、从个体学习到群体互动、从适时学习到适需学习以及从知识掌握到智慧生成的转变，学习方式也要逐渐从自主式学习过渡到混合式学习，再在此基础上升级为嵌入式学习。由此可见，教师发展的数字化转型实践离不开平台化和生态化的支持。

具体来说，教师发展的实践化要求教育领域在国家、省市、区县和学校四级平台互联互通的前提下进一步推进教师个人数字化空间之间的交互，为教师高效完成备课、教学、磨课、教研、课程记录和课后反思等工作提供支持，提高教学实践的可视性、可追溯性和可学习性。

与此同时，教师发展实践化还需促进集体智慧的生成和共享，通过在教师数字化平台中设置互动板块的方式来为教师进行合作教学提供支持，让教师能够与众多优秀教师交流学习，并组建教师团队，借助角色分工来共同学习，在高效互动中完成教育教学工作。

## 7.4 对策建议：培养教师数字化能力的实践策略

### 7.4.1 智能化教育学科平台建设

为了充分落实教育改革工作，我国应大力推进学科建设创新发展，深化新时代教师队伍建设改革，并以智能时代教育改革为重要参考，建立能够有效适应时代发展和技术进步的全新的教育学科建设体系。从实际操作方面来看，智能化教育学科平台建设主要包括以下几个方面：

a.各学校需要广泛集成学科资源，并充分利用自身的优势学科资源，同时在心理学和信息科学等学科的支持下围绕教育学科推动教育向数字化、信息化和智能化的方向发展，并进一步创新教育理论。

b.教育行业要充分发挥大数据和人工智能技术的作用，根据国际学术前沿、国家重大需求、地方经济等内容构建围绕问题和项目的跨学科交叉研究平台，并加强相关制度对平台的支撑。

c.我国教育行业应发展和应用教育大数据和人工智能教育等技术，加大对智能教育技术的研究力度，及时发现并处理智能教育方面的各项问题。

d.教育行业还应建设融合5G、大数据和人工智能等先进技术的智能教学平台，打造智能教育应用示范点，充分发挥人工智能等技术手段的作用推动教师教育创新发展，革新师范生培养体系，提高教师教育的信息化水平。

e.教育行业应将各类智能技术应用到教育评价工作当中，革新教育评价方式，提高教育评价与国家教育政策之间的适配性。

总而言之，为了推进教师队伍建设工作，我国教育行业需要从学科的维度提高教师教育的智能化和数字化程度，革新教师培养体系，并积极构建教育智库平台、智能教育创新平台和教师发展协同创新平台等多种智能教育平台，同时也要积极开展教育改革实验活动，加强对教育理论、信息化教学、教育信息技术和教师教育的研究。

## 7.4.2　数字化教学资源体系建设

为了加强教师队伍建设，提升教育的数字化程度，我国需要建设服务于教师的数字化资源体系。具体来说，我国应从整合学校教学资源、扩大资源供给规模和建立并优化资源共享机制三个方面展开数字化资源体系建设工作。

a.我国教育行业应充分整合学校教学资源，综合运用自主开发和引进共享的方式来建立针对不同学科和学段的数字课程资源规范，并借助数字课程资源规范来确保各项数字资源的标准性，同时也要设立课程准入机制，并深入挖掘课程资源、拓展资源和专项资源，提高资源丰富度，以便充分满足教师和师范生的学习需求。

b.我国教育行业应扩大资源供给规模，提高资源供给多样性，并积极响应教育部推出的一流课程"双万计划"，根据教育部提出的"金课"标准打造优质的线下课程、线上课程、线上线下混合式课程、虚拟仿真课程和社会实践课程等，同时我国还应加大课程开发力度，建立由系列课程构成的"微专业"认证课程体系，并加强大数据、人工智能和虚拟现实等数字化技术与各项课程的融合，提高实物情景和实训操作相关资源的数字化程度，充分确保数字教育资源体系的多样性和立体性。

c.我国教育行业应建立并优化资源持续共建共享机制，统一管理和调配各项教育资源，根据实际学习成果进行学分累计，并建立健全相关制度，打通各个人才培养体系之间的壁垒，加强信息交流和资源共享。不仅如此，我国还应积极推动资源服务机制创新，建立并完善数字资源建设标准，明确数字资源认证指标，借助第三方进一步挖掘数字化资源，提高内部资源的利用率，同时也要研究并使用符合学校实际情况的数字资源供给模式。

综上所述，在进行数字化教学资源体系建设的过程中，首先，我国应扩大网络覆盖范围，提高网络质量，利用5G网络等实现对整个校园的网络全面覆盖；其次，我国应加强与教育相关的虚实融合、线上线下融合和空间融合，构建云端一体化的数字化学习平台，打造具有虚实融合和线上线下融合特点的智慧教室，加强资源空间、物理空间和社交空间之间的联系，并集成各项学习资源、学习活动、学习数据和学习过程；最后，我国还应强化自身的数据能力，积极构建学习分析系统和智能化运维保障体系，并进一步提高学习分析系统的智能性、全面性和高效性以及智能化运维体系的安全性、高效性和敏捷性。

## 7.4.3　数字化教师培养体系建设

人工智能在教育领域的应用拓宽了人们获取知识的渠道，创新了知识创造的方式，也改变了人才培养的方向。就目前来看，我国教育行业应加强人工智能在教育领域的应用，借助人工智能等技术手段来提高教师信息素养，革新教师教育教学培养模式，打造数字化的教育环境，同时借助大数据平台获取各项与教学相关的行为数据，并通过对这些数据信息的深入分析来调整教学方式，积极开展跨学科的交叉融合研究，进一步提高教师培养工作的数字化程度。

人工智能等技术与教学的融合能够为教育赋能。一方面，教育行业可以利用人工智能等技术来构建智慧管理系统和个性化智慧学习系统等智能化系统，打造智慧校园和智慧课堂，并利用各类人工智能教育工具来优化教学效果；另一方面，随着人工智能在教育领域的应用越来越广泛，学生对人工智能工具的运用能力也将逐步提高，教育行业将根据实际需求增设智慧教育相关课程。

在建设数字化卓越教师培养体系的过程中，我国需进一步明确相关培养标准、培养特征和培养模式，搭建科学合理的培养平台，积极推动培养方案落地，并制定科学的培养成果评价标准。与此同时，我国还需以信息素养融入培养标准、智能技术融入教学环境、学科交叉融入课程体系、协同机制融入实践过程和数据驱动融入教学评价这"五融入"为抓手对教师培养体系进行创新，建设具有信息化特色且包含师德养成体系、课程培育体系、能力实践体系、协同育人体系和综合评价体系五个体系在内的数字化卓越教师培养体系，以便培养能够快速适应和探索信息化、智能化技术的新时代卓越教师，确保教师具有良好的师德、师风、学科能力、实践基础和信息素养。

## 7.4.4 数字化文化管理体系建设

近年来，信息化、智能化技术飞速发展，我国也应顺应时代发展趋势，推进信息化与育人工作深度结合。具体来说，我国应加强人工智能等技术在教育系统中的应用，升级完善教育生态系统，优化调整教育过程，提高教育生态系统发展的可持续性和思想政治工作的信息化程度，大力推动思想政治工作实现创新发展。

我国需要通过培养数字化卓越教师并建设数字化卓越教师队伍的方式来打造教育人才培养文化，并通过完善高效人才培养体系的方式来为构建文化体系提供支撑。在革新教育模式的过程中，我国应充分认识到数字化对人才培养的重要性，积极构建数字化＋党建系统、数字化＋思政系统和数字化＋管理文化系统。

● **数字化＋党建系统**：在实际操作中，我国需要构建信息化的党建工作平台，并借助该平台实现一站式党建服务，以信息化的方式进行党员管理；同时也要制作微党课、微视频和微动漫等党建学习相关内容，建立并完善相关网站、专题网页、微信公众号和管理系统等平台，助力党建工作实现信息化。

● **数字化＋思政系统**：为了确保育人效果，我国教育行业需充分发挥教育信息化应用的作用，强化自身的人才培养能力，加强思想政治工作，大力推动思想政治工作走向虚实融合和线上线下融合，并根据智能时代的教育者、受教育者、教育过程和教育环境等来构建具有数字化、一体化等特点的思政系统，同时在最大限度上集成各项育人资源、优化升级育人模式。

● 数字化＋管理文化系统：为了方便辅导员、楼栋管理员和寝室长等管理人员对学生进行精细化管理，学校还应搭建智能化的学生社区，充分发挥各类数字化平台的作用，并在数字化平台中集成多种学生服务功能，让学生能够享受到更加便捷的服务，同时学校也要大力推进文明社区建设，积极开展防火防盗防诈骗等的相关宣传活动。

除此之外，管理服务育人体系也是影响教育效果的重要因素，因此我国需要进一步提高管理服务育人体系的数字化程度，提高学生事务管理的精细化程度，并构建迎新系统、学生奖助系统、心理援助系统和学习帮助系统等多种数字化系统，为学生提供更加优质的服务。

大数据等数字化技术的应用能够帮助学校实现对学生的思想行为动态和学习生活状态等信息的精准高效分析，学校可以根据分析结果为学生制定个性化的教育方案，同时学校也可以通过对学生的个人信息的分析了解学生的家庭情况，并根据分析结果来判定困难等级，以便为处于不同困难等级的学生提供与其实际情况相符的资助，实现精准帮扶。